U0198959

高速公路服务系统评价
理论与方法

陈队永　杨永亮　赵　青　贾世东　编著

中 国 铁 道 出 版 社

２０１４年·北 京

内 容 简 介

本书运用系统工程分析方法对高速公路服务系统的基本概念、基本理论和基本方法进行了阐述。主要介绍了高速公路的交通特性、服务系统基础理论、服务质量理论、服务质量系统分析、服务系统评价体系、服务系统评价方法、服务系统评价标准、服务供给系统评价、需求满意度评价以及改善高速公路服务系统质量的措施。

本书可作为高速公路运营管理部门人员以及从事高速公路运营管理的相关人员的专业参考书籍。

图书在版编目(CIP)数据

高速公路服务系统评价理论与方法/陈队永等编著 . —北京：
中国铁道出版社,2014.8
ISBN 978-7-113-19064-4

Ⅰ.①高… Ⅱ.①陈… Ⅲ.①高速公路—服务建筑—系统
评价—研究 Ⅳ.①TU248

中国版本图书馆 CIP 数据核字(2014)第 188267 号

书　　名	高速公路服务系统评价理论与方法
作　　者	陈队永　杨永亮　赵青　贾世东

策　　划	江新锡
责任编辑	冯海燕　　　　编辑部电话:010-51873371
封面设计	郑春鹏
责任校对	马　丽
责任印制	郭向伟

出版发行:中国铁道出版社(100054,北京市西城区右安门西街8号)
网　　址:http://www.tdpress.com
印　　刷:北京市新魏印刷厂
版　　次:2014年8月第1版　　2014年8月第1次印刷
开　　本:850 mm×1 168 mm　1/32　印张:7.75　字数:202千
书　　号:ISBN 978-7-113-19064-4
定　　价:25.00元

前　言

Preface

　　高速公路服务系统是交通运输系统的一个子系统,主要是由高速公路的线路主体设施、服务停靠设施、信息通信设施、运输车辆、运营管理、法律法规体系、交通参与人员以及交通环境等诸多要素所构成的有机整体。这些要素相互联系、相互作用、有机结合,目的是高效、安全、快捷、方便地实现人和货物的移动。

　　高速公路服务系统的目的以满足人和物的位移为核心,保证服务正常,车辆使用可靠,安全生产,达到最佳的材料用量和最低的劳动消耗,减少整个道路运输行业对环境的污染和人类的危害,实现空间和时间效益,取得最佳的经济效益。

　　随着我国高速公路建设步伐的加快,高速公路通车里程将日益增多,高速公路之间以及高速公路运输与其他运输方式之间的竞争日益激烈。因此,高起点加强高速公路服务系统质量管理具有重要意义。

　　本书运用系统工程分析方法对高速公路服务系统的基本概念、基本理论和基本方法进行了阐述。主要介绍了高速公路的交通特性、服务系统基础理论、服务质量理论、服务质量系统分析、服务系统评价体系、服务系统评价方法、服务系统评价标准、服务供给系统评价、需求满意度评价以及改善高速公路服务系统质量的措施。

通过系统分析高速公路服务系统特性，从服务需求和供给不同的角度建立高速公路服务系统评价体系，将有助于提高高速公路服务评价的规范化、标准化，便于相关管理部门的行业管理，提高高速公路的竞争优势，更好发挥高速公路的功能特点及优越性。

本书第1章、第4章、第8章和第9章由石家庄铁道大学陈队永撰写；第2章和第5章由衡水市公路工程质量监督站杨永亮撰写；第3章和第6章由衡水市公路工程质量监督站赵青撰写；第7章和第10章由衡水市交通运输局贾世东撰写。全书由陈队永进行统稿。

书中参考了大量的相关文献和资料。由于所参考的文献和资料较多，只能将主要的文献列于书后。在此谨向所有文献和资料的作者表示衷心感谢和敬意。

限于时间和作者的水平，书中不妥和错漏之处在所难免，敬请专家和读者批评指正。

作者

2014 年 6 月

目　录

Contents

第1章　高速公路交通特性分析

1.1　高速公路的功能与特点

1.1.1　高速公路的定义及功能特征

联合国欧洲经济委员会运输部对高速公路作了如下定义:"利用分离的车行道往返行驶交通的道路"。具体规定是具有分隔带,全部立交,禁止汽车以外的任何交通工具出入。根据我国《公路工程技术标准》(JTG B01—2003)规定:高速公路为专供汽车分向、分车道行驶并应全部控制出入的多车道公路。其中四车道高速公路应能适应将各种汽车折合成小客车的年平均日交通量 25 000～55 000 辆。

为保证行车安全,高速公路还设有必要的标志、标线、信号及照明设备,禁止行人和非机动车在高速公路上行驶,与铁路和其他公路相交时采取立体交叉,行人跨越则用跨线桥或地道通过。除具有普通公路的功能外,高速公路还具有其自身的功能特征。

1. 交通控制、汽车专用

高速公路不仅不允许出现混合交通,而且对进入的车辆和车速都有严格的要求和限制,以避免车辆混流。在通常情况下,高速公路规定:凡非机动车辆、由于车速较低可能形成危险的车辆和可能妨碍交通的车辆,如自行车、摩托车、拖拉机、农用车以及装载特别货物的车辆等,都不得进入高速公路。为防止车辆因车速差别过大而造成超车次数过多的情况,高速公路一般划分有行车道、超车道、快车道和慢车道,并对各类车辆在不同车道上行驶的速度加以限制,一般规定速度低于每小时 60 km 的车辆不得上高速公路,最高时速不宜超过每小时 120 km,遇到冰雪、雨雾天气或灾害事故时,高速公路管理机构还要设置可变的信息提示标志,要求车辆按限定的速度行驶。

2. 分隔行驶

为保证安全,高速公路采取了不同于普通公路的分隔行驶的办法:一是在路面中央设立分隔带,实行车道分离、渠化,从而隔绝相向对行车辆的接触,避免车辆的擦挂或相撞;二是至少为同向行驶车辆设置两个以上车道,用划线的方法将车道分成主车道和超车道,或分为快车道和慢车道,以减少由于车速差别发生超车带来的干扰,避免事故的发生。同时,高速公路通常会在主车道和超车道之外设置紧急车道,供发生故障或特殊情况的车辆临时停靠或等待救援。一些地方还设置了加(减)速车道、辅助车道,以增加安全度。调查资料表明,有分隔带的四车道公路要比无分隔带的同样公路事故率降低 45%～65%。

3. 控制出入

为避免车辆混流造成的横向干扰,保证道路畅通和车辆高速行驶,高速公路实行严格控制车辆出入的办法,其方式主要是采取全封闭、全立交,使高速公路与周围环境隔离,从而限制非机动车、行人、牲畜的进入,通行车辆也只能从互通式立交匝道出入高速公路。全封闭主要采用护栏、高路堤、高架桥等措施,能有效地消除平面交叉带来的横向干扰,保证车辆高速行驶的安全。据国外资料反映,实行全封闭、全立交的高速公路的事故死亡率比不实行的普通公路减少 60%。

4. 采用较高的技术标准

高速公路设计和施工以及后期管理都采用了较高的技术标准。由于高速公路路基、路面、桥梁、涵洞及相关设施采用较高技术标准设计和施工,因而投资较大。高速公路在线形选择上也有独特的要求,既要避免长直线形的路段,又要防止转弯半径过小影响安全,一般采用大半径曲线形,根据地形以圆曲线或缓和曲线为主,既增加了线路的美观性,又有利于保证行车的舒适和安全。

5. 具有完善的交通工程设施和服务设施

高速公路不同于普通公路,除具有基本的道路使用功能外;还要满足驾乘人员较高层次的需求,如对优美环境、对车辆维护、救助的需求,以及食宿、娱乐、信息传递等方面的需要。因此除道路设施外,高速公路还设有不少交通工程和服务设施,典型的如服务区、加油站、提示标志标识等。这些设施为车辆的高速运行提供了技术上、物资上的供应和保障,使道路不仅具有车辆通行的功能,而且能够成为一个能源、信息传递的多功能载体。

1.1.2　高速公路的特点

高速公路的多功能作用促使公路交通运输业发生了质的变化,使之成为当今一种新型的、具有巨大发展活力的现代运输手段。高速公路与一般公路相比具有如下优越性:

(1)运行速度快、运输费用省。据调查,高速公路平均技术车速约为 $80\sim100$ km/h,最高可达 $150\sim200$ km/h,而一般公路只有 $20\sim50$ km/h。由于车速的提高,可缩短运行时间,降低油耗、车耗和运输成本。

(2)通行能力大、运输效率高。通行能力是指单位时间内道路容许通过的车辆数,是反映道路处理交通数量多少的指标。一般双车道公路的最大通行能力约为 $5\,000\sim6\,000$ pcu/d,而一条四车道的高速公路一般通行能力可达 $25\,000\sim55\,000$ pcu/d,相当于 $7\sim8$ 条普通公路的通行能力,六车道或八车道的高速公路可达 $70\,000\sim100\,000$ pcu/d。

高速公路的建设,还有力地促进了汽车运输车辆的大型化(重型载货汽车)、拖挂化(汽车列车)、集装箱化、柴油化和专用化(如冷藏车等专用特种车辆)等。

(3)减少交通事故,增强可靠性。高速公路由于采取了控制出入、交通限制、分隔行驶、汽车专用、自动化控制管理系统等确保行车快速、安全的有效措施,使交通事故比一般公路大大减少。据国外统计,高速公路事故率为一般公路的1/10,死亡率为一般公路的1/3。另据我国公安部对道路交通事故万车死亡率统计,美国为2.5~3.3,德国为3.6~5.6,日本为2.8~3.2,而我国1990年为33.38,2000年为15.6,2005年为7.57,这其中的主要原因是高速公路的存在和发展。据统计,高速公路的事故率和死亡率只有一般公路的1/3~1/2。高速公路每亿车公里的事故费用只有一般公路的1/4左右。据推算,我国每年修建5 000 km高速公路,每年可减少8 200人死于交通事故,沈大高速公路交通事故死亡人数比建路前下降83.3%,受伤人数下降54.9%。

(4)缩短运输时间,提高社会效益。高速公路技术等级高、质量好、运输条件及设备齐全,不仅缩短运行时间,而且提高运输质量,增加了汽车容量,加快了车辆周转。据日本对全国8个部门货运时间的调查,各种运输方式,商品流通的平均时间分别是:铁路46 h,海运20.4 h,空运17.8 h,而高速公路由于转装环节减少,平均仅为7.9 h,加快了商品流通,减少了货物积压。高速公路的发展还有利于加快工业开发、改善工业布局、促进城乡交流、加速沿线经济发展、缓解城市交通、调整城市格局,使社会受益。

(5)提高了客货运输量。例如,意大利的高速公路仅占全国公路总里程的2%,但其承担着全国公路20%和68.7%的客、货运输量;德国的高速公路仅占全国公路总里程的1.73%,但其运量却占了公路总运量的37%;美国高速公路只占全国公路总里程的 1% 多,但其承担了全国公路总运量的 21% 以上;日本的高速公路只占全国公路总里程的 0.28%,但其承担了全国公路总运量的 25.6%。据国外评价,一条 4 车道的高速公路运量相当于 6 条单线铁路的运量,而公路土地占用只为 6 条铁路的 1/3。

(6)节省燃料,减少汽车损耗。由于高速公路路况好、时速高,可节省燃料和减少汽车轮胎及机件损耗。据美国政府测算,1956~1980 年高速公路上的汽车运输仅因减少在路口刹车、停车及加速而减少消耗汽油费就高达 58 亿美元。高级路面比中级路面可减少汽车轮胎及机件损耗一半。

(7)促进各国(或地区)经济发展,社会经济效益巨大。日本 1956 年修建名古屋到神户的高速公路,10 年内沿线 14 座互通立交附近增加了 800 多家企业,爱知县已经发展成为一个新兴工业城市。另据德国公路总署测算,每投资 1 美元高速公路,可给使用者带来 2.9 美元收益,即二者之间的比例为 1:2.9。建设高速公路不仅可从中获得巨大的社会经济效益,而且还可使国家的工农业、商贸业、旅游业等发展起来,促进高速公路沿线地区的产业化、城镇化和现代化。

(8)节省用地,提高土地利用率。修建高速公路用地比一般公路要多,但从用地的效益来看,实际是节省了用地。据测算,每建 100 km 高速公路,比修建担负同等交通量的一般公路可节省土地 600 亩(4 km 长高速公路)。修路占用土地的损失,可从整个公路运输的社会效益中得以补偿,并远远超过占用土地损失的经济效益。

(9)投资效益好,资金回收率高。高速公路多分布在工业及人口集中的地区,客、货流量大,运输效益高。如日本名神高速公路长 189 km,占日本公路总里程的 0.35%,而它所承担的货运量占公路总运量的 12.3%。

1.2　高速公路的道路特征

　　高速公路是在普通公路基础上发展起来的汽车专用公路。因此,其道路特征与普通公路相比有很大差别,设计考虑因素多,线形标准高,充分保证了道路功能的发挥。高速公路道路特征一般也称为线形几何设计,主要包括道路平面线形,纵断面线形,平、纵面线形组合及横断面组成。

　　1. 平面线形

　　平面线形是由直线、圆曲线、回旋线三种要素组成。在高速公路设计中,回旋线已不是缓和曲线的狭隘意义了,而是规定作为在视觉方面能得到平顺圆滑线形的条件,它与直线、圆曲线一样,或者更为频繁地被采用作为主要的线形要素。可以说高速公路采用的是以圆曲线及回旋线为主配以短直线或无直线的平面线形设计,这是与普通公路所不同的。这种以曲线为主的线形,容易适应自然地形,能做到与地形、地物、景物等的配合协调,而且线形圆滑平顺、美观、舒适。高速公路平面线形采取以曲线为主的设计,在路线满足行车动力要求条件下,要充分考虑交通工程心理学和美学上的要求,以保证汽车的高速、安全与舒适行驶。

　　2. 纵断面线形

　　纵断面线形由直线和竖曲线组成,在纵向变坡点必须设置竖曲线,以保证行车舒适和需要的视距,竖曲线大多采用二次抛物线。高速公路纵断面线形设计,不仅考虑行驶动力学和安全上的需要,而且在视觉舒适性及美感上都特别重视。因此,纵断面线形要采用连续的曲线线形设计,在整条路线上紧密配合平面线形,尽量采用平缓的纵坡,大半经的竖曲线,使路线与地形特点相适应,平、纵线形相协调,给驾驶员心理上由线形连贯舒畅的感觉,以保证汽车安全、舒适地高速运行。同时纵坡设计要做到不产生路面排水迟缓的现象,对于不同的纵坡值,要考虑坡长限制。

3. 平、纵面线形组合

公路线形是由平面线形和纵断面线形组合而成的立体线形,它决定着公路建成后是否能发挥预定功能及经济效益的大小。高速公路的线形是汽车高速与安全行驶的基础,它要求平、纵面线形必须合理组合,因为这是高标准线形必然出现的问题和要求,组合不合理就将造成行车上的危险。对线形组合的技术要求一方面是力学上的,主要反映行车安全和顺适的条件;另一方面是视觉和心理上的,主要反映在驾驶员及乘客的舒适和愉快感。两者不可分割,互有影响,同时也都要讲求经济效果。

如何将平纵线形组合成平顺、美观、行车舒适的立体线形是高速公路线形设计的最终目的,这主要反映在:①线形的连续性,能够自然诱导驾驶员的视线;②平、竖曲线半径大小均衡;③与公路周围环境相协调。因此,线形设计时,要充分研究,精心考虑,才能确保良好的线形组合设计。

4. 横断面组成

道路的横断面是指中线上各点的法向切面,它是由横断面设计线和地面线所构成。这里讨论的横断面只限于与行车直接有关的那一部分。横断面包括中间带(中央分隔带、路缘)、行车道、紧急停车带、路肩等部分。横断面对车速的影响主要是其各组成部分宽度对车速的影响。另外,车道的位置也对车速有一定的影响。

(1)行车道:指以标线划分的若干条车道及宽度。分道行驶的高速公路每一方向至少有 2 个车道,分为行车道和超车道,以便于超车。决定行车道宽度的因素主要有交通量、车速和安全性等方面。根据国内外对道路宽度影响通行能力的实际观测认为,当车道宽度达到某一数值时通过量能达到理论上的最大值,当车道宽度小于该值时,则通行能力降低。不同国家对这个数值有不同的规定。美国公路通行能力手册规定该宽度为 3.65 m,日本公路技术标准规定为 3.5 m,我国规定为 3.75 m。我国高速公路行车道宽度规定见表 1-1。

表 1-1　高速公路行车道宽度

公路等级	高速公路					
计算行车速度(km/h)	120			100	80	60
车道数	8	6	4	4	4	4
行车道宽度(m)	2×15.0	2×11.25	2×7.5	2×7.5	2×7.5	2×7.0

(2)中间带:由两条内侧路缘带和中间分隔带组成。中间分隔带主要用来分隔往返车流,防止车辆驶入对向行车道。高速公路的中间分隔带应设置必要的安全和防眩目、导向设施。内侧路缘带起着诱导视线及增加侧向余宽的作用,以提高行车速度和行车的安全舒适感。中间分隔带宽度按道路等级、用地条件分别选用,一般为 2.0~3.0 m。中间分隔带宽度各国使用标准不一,主要依据本国的用地情况而定。日本采用 3 m,欧洲多数国家采用 4~5 m,美国分隔带宽度变化较大,从 4.5~25.5 m 或更宽。

(3)路肩:公路两侧由路面边缘到路基边缘的部分,由外侧缘带、硬路肩和保护性路肩组成。它与行车道连接在一起,作为路面的横向支撑,也供紧急情况下停车,并为设置标志牌、安全护栏提供侧向净空,还起行车安全感的作用。路肩的宽度根据行车速度有不同的要求。路肩宽度一般不小于 3 m,美国、日本采用 3~4 m,欧洲国家多采用 4 m。外侧路缘带的宽度和作用与内侧相同。

1.3　高速公路交通流特性分析

高速公路是唯一能够提供完全不间断交通流的公路设

施类型。对交通流没有信号灯或停车管制的交叉口那样的外部干扰,车辆进、出设施只有经过匝道。匝道一般设计成可以高速驾驶进行合流与分流,因而最大程度地减少对主线交通的干扰。由于高速公路具有这些特点,因此车辆运行情况主要受交通流中车辆间的相互作用以及高速公路几何特征的影响。此外,车辆运行也受到环境条件的影响。例如,气候条件、路面状况以及是否发生交通事故等。

1.3.1 高速公路车辆运行特征

驾驶人根据自己的技能水平、车辆性能与道路条件等,综合决定自由行驶时的期望车速。具体对于某车辆在道路上的运行状态可分为以下几种情况。

1. 匀速行驶

当前导车车速高于跟踪车车速或前导车与跟踪车车头间距远大于最小车头间距时,车辆处于匀速行驶状态。

2. 车辆的跟驰行驶

跟驰是指车辆在无法超车的单一车道上车辆列队行驶时,后车跟随前车的行驶状态。跟驰状态行驶的车队具有制约性、延迟性、传递性。具体如下:

(1)制约性。在一队汽车之中,驾驶员总不愿意落后,而紧随前车前进。这就是"紧随要求"。同时,后车的车速不能长时间的大于前车车速,只能在前车车速附近波动,否则会发生碰撞。这是"车速条件"。此外,前后车之间必须保持一定的安全距离,在前车制动后,两车之间有足够的距离,从而有足够的时间供后车驾驶人作出反应,便于采取制动措施。这是"间距条件"。紧随要求、车速条件和间距条件构成了一队汽车跟车行驶的制约性。即前车车速制约着后车车速和两车间距。

(2)延迟性。从跟驰车队的制约性可知,前车改变运行状态后,后车也要改变。但前后车运行状态的改变不是同步的,后车运行状态的改变滞后于前车。因为驾驶人对前车运行状态的改变要有一个反应过程,需要反应时间。假设反应时间为 T,那么前车在 t 时刻的动作,后车在 $T+t$ 时刻才能做出相应的动作。这就是延迟性。

(3)传递性。由制约性可知,第一辆车的运行状态制约着第二辆车的运行状态,第二辆车又制约着第三辆车,⋯⋯第 n 辆制约着第 $n+1$ 辆。如果第一辆车改变运行状态,它的效应将会一辆接一辆地向后传递,直至车队的最后一辆。这就是传递性。而这种运行状态的传递又具有延迟性。这种具有延迟性的向后传递的信息不是平滑连续的,而是象脉冲一样间断连续的。当制约性为零时,车辆自由行驶。当制约性极大时,车辆停止。

3. 车辆变换车道行驶

变换车道行为是驾驶人为满足自己驾驶舒适性、驾驶意图而采取的避开本车道,换入相邻车道行驶的行为。车辆是否进行变换车道依靠当时的交通条件、驾驶人目的地、驾驶人行为特征(冷静型或冲动型)。通常根据变换车道需求产生条件将变换车道分为两种:强制型和判断型。强制型变换车道行为有明确的目标车道,只要目标车道出现合适间隙,就执行变换车道行为,目标车道与变换车道动机不受驾驶人类型决定。如果在指定区域未能换入目标车道,其直行行驶行为将受到一定限制,比如减速甚至制动停止,直到目标车道出现合适间隙再重新启动完成变换车道行为。而判断型变换车道行为并没有固定目标车道和指定的变换车道区域,并且存在变换车道需求产生过程。判断型变换车道行为只是在当前车道驾驶状况不能满足驾驶员所能承受的限度,并且相邻车道的驾驶满意度大于本车道时才实施,因此需求产生过程要由驾驶人类型决定。在匝道分、合流区以及交织区内的分、合流车及交织车的变换车道行为属于强制型,它们有固定目标车道和完成变换车道限制区域。基本路段内及匝道分、合流区、交织区内非分合流车、非交织车的变换车道行为属于判断型,它们是由驾驶满意度决定的。

1.3.2 影响高速公路交通流运行的因素

经过对全国高速公路运行现状调查发现,影响我国高速公路车流运行的主要因素是混合交通的车辆组成情况。主要表现在两个方面:一是大、重车比小客车体积大,因而比小客车占用更多的道路空间;二是大、重车辆的行驶性能(如加速、减速和保持速度的能力等)要远低于小客车。这些不同行驶性能的车辆会在交通流中形成间隙,但又不能立即为超越车辆所利用。特别是对于长距离持续上坡路段,影响尤为显著。在这种情况下,货车不得不明显地降低车速,在交通流中出现非常大的间隙,道路通行能力降低。

1.3.3 高速公路交通流运行特征

高速公路作为一种提供完全"连续"交通流的专用公路交通设施,它不仅对交通流没有固定间断,而且,车辆驶入和驶出仅通过立交匝道实现。匝道的设计一般允许车辆高速汇合和分流,这就使对主线交通的干扰减少到最低程度。因此,高速公路交通流运行条件与普通公路有很大差别。连续交通流的特性可用交通流量、速度和交通密度三个参数描述。高速公路交通流三参数的关系如下:

(1)速度—密度模型

从目前研究来看,格林希尔茨(Greenshields)曲线模型 $[U=U_{\mathrm{f}}(1-k/k_{\mathrm{j}})]$ 至少存在三个问题。首先,该模型并非利用高速公路的数据来进行研究的,然而后来不少研究者却直接将其应用于高速公路。其次,该模型将观测数据组相互交

叠和分类,经研究表明这是不合理的。第三,该模型所作的
交通调查是在假期进行的,不具备广泛的代表性。但是后来
的研究者发现,尽管该模型在最初研究时所使用的数据存在
一些问题,但是此模型对交通状况的描述还是可以接受的,
而且其形式也很简单,因此一直被广泛采用。

(2)速度—流量模型

格林希尔茨的速度—流量模型是建立在格林希尔茨速
度—密度的线性模型基础上得到的,是速度—流量的最早研
究。由于格林希尔茨抛物线模型本身存在的一些问题,通过
速度—密度的线性关系推导出的速度—流量关系与直接利
用实际数据得出的速度—流量与密度—流量关系存在一定
的偏差。因此,不少研究者直接根据观测数据来研究速度—流
量的关系。美国 1994 年版《道路通行能力手册》中所采用的
速度—流量曲线,反映了开始时随着流量的增加速度保持不
变,直到流量接近通行能力的 1/2 或 2/3 时,才开始有一个较
小程度的下降。

(3)流量—密度关系

公式 $Q = VK$ 把流量、速度和密度联系起来,因此,速
度—密度的关系确定后,密度和流量的关系也就随之确定
了,流量—密度关系在交通控制中有着重要的作用,海脱
(Haight)把流量—密度曲线称为"交通基本图表"。

综上所述表明:

第一,当密度很大以致车辆无法行进时,流量为零,因为
没有活动,车辆不能通过道路上任一点,使所有流向都停止
的密度,这时的密度称为阻塞密度。

第二,当设施流量达到最大值时就是其通行能力,这时
出现的密度称为临界密度,相应的速度称为临界速度。

第三,当道路上没有车辆时,密度为零,流量也为零。在
这一条件下速度是纯理论的,是第一个驾驶者可能选择的任

何速度。

　　交通流三参数之间的关系图式,是对连续交通流设施进行通行能力分析的理论依据。通常对于服务水平的分析正是在稳定交通流范围内进行的。当道路交通出现不稳定状态时,就应该及时采取各种措施进行调节和控制,避免交通拥挤的发生。

　　从交通流参数间的关系得知,在量测中,密度与速度是单值的,而不象流量与速度那样是双值得。因此,高速公路交通运行效率量度的两个关键量测参数是密度和速度。速度是反映高速公路交通状况的一个非常重要的指标,密度则是控制车速的关键因素。合理地控制车流密度,使车速稳定在自由行驶状态,可大大提高高速公路的通行能力。在不稳定交通流状态下,密度在很大的范围内波动,其通过流量大致不变,但车速随密度增加而大大下降,车辆的行程时间也大大增加。高速公路的交通运行状态对偶然的事故非常敏感,因此在不稳定状态时采取适当控制进入,且保证车速的均匀和稳定是非常有效的措施。

1.4　高速公路通行能力分析

1.4.1　道路通行能力和服务水平概述

1. 道路通行能力概述

(1)基本概念

　　道路通行能力是道路能够疏导或处理交通流的能力。即在一定的时段(通常取 15 min 或 1 h)和正常的道路、交通、管制以及运行质量要求下,道路设施通过交通流质点的能力。通行能力实质上是道路负荷性能的一种量度,它既反映了道路疏通交通的最大能力,也反映了在规定特性前提下,道路所能承担车辆运行的极限值。通行能力一般以 veh/h

(辆/小时)、pcu/h(当量标准小客车/小时)表示,基本单位是pcu/h/ln(当量小客车/小时/车道)。通行能力是指所分析的道路、设施没有任何变化,还假定其具有良好的气候条件和路面条件的通过能力,如条件有任何变化都会引起通行能力的变化。

通行能力与交通量虽有相同之处,如它们都是指单位时间内通过道路某断面的交通体数量,表示的单位和方法相同等,但是,两者之间还是有着本质区别。交通量是道路上实际运行着的交通体的观测值,其数值具有动态性与随机性;而通行能力则是根据道路的几何特性、交通状况及规定运行特征所确定的最大流量,其数值具有相对的稳定性与规定性。在正常运行状况下,道路的交通量均小于通行能力,当交通量远远小于通行能力时,车流为自由流状态,车速高,驾驶自由度大;随着交通量的增加,车流的运行状态会逐渐恶化,当交通量接近或达到通行能力时,车流为强制流状态,将会出现车流拥挤、阻塞等现象。由此可见,在交通流状态分析中,交通量和通行能力二者缺一不可,通行能力反映了道路的容量(服务能力),交通量则反映了道路的负荷量(交通需求)。因此,常用交通量与通行能力的比值来表征道路的负荷程度(或利用率、饱和度)。

(2)影响因素

道路通行能力影响因素主要有道路条件、交通条件、管制条件、环境和气候条件以及规定运行条件等。

①道路条件是指车道宽度、车道数、侧向净空、附加车道、几何线形、视距、坡度和设计车速等因素。

②交通条件是指车流中的车辆组成、车道分布、方向分布等因素。

③管制条件是指交通法规、控制方式、管理措施等。

④气候条件是指风、雨、雪、雾、沙尘暴等恶劣天气对通

行能力的影响。

⑤规定运行条件主要是指计算通行能力的限制条件,这些限制条件通常根据速度和行程时间、驾驶自由度、交通间断、舒适和方便,以及安全等因素来规定。其运行标准是针对不同的交通设施,用服务水平来定义的。

另外,道路周围的地形、地物、景观、驾驶员技术等也对道路通行能力有一定的影响。

(3)通行能力分类

根据通行能力的性质和使用要求的不同,通行能力可分为基本通行能力、可能通行能力和实用通行能力,实用通行能力也称设计通行能力。

基本通行能力,是指道路和交通都处于理想条件下,由技术性能相同的一种标准车,以最小的车头间距连续行驶的理想交通流,在单位时间内能通过道路断面的最大车辆数,也称理论通行能力。因为它是假定理想条件下的通行能力,实际上不可能达到。

可能通行能力,是指考虑到道路和交通条件的影响,并对基本通行能力进行修正后得到的通行能力,实际上是指道路所能承担的最大交通量。

设计通行能力,是指道路根据使用要求的不同,在不同服务水平条件下所具有的通行能力,也称服务交通量。用来作为道路规划和设计标准而要求道路承担的通行能力。

2. 道路服务水平概述

道路服务水平是描述交通流中车辆之间运行条件及其对驾驶员和乘客影响的一种质量评定指标。通常根据速度和行程时间、驾驶自由度、交通阻塞、舒适、方便和安全等来描述服务水平。

在较大的交通量范围内,速度相对来说是一个常量,因此仅以速度作为确定服务水平的标准是不够的。在服务水平上,驾驶员主要关心的是速度,但驾驶灵活性和车辆之间的接近程度也都是重要的参数,可见服务水平与高速公路交通流的密度有直接关系。

此外,在稳定的交通流范围内,交通量随着密度的增加而增加。因此,把密度作为确定基本高速公路路段服务水平的参数。

美国对各级服务水平的特征描述如下:

A 级服务水平:描述的是自由交通流运行,车辆的行驶灵活性不受阻碍,驾驶人员的身心舒适水平极高,较小的交通事故或行车障碍的影响容易消除,在事故路段不会产生停滞排队现象,很快就能恢复到 A 级服务水平。

B 级服务水平:描述的是自由交通流运行,车辆行驶灵活性稍受限制,驾驶人员身心舒适水平很高,较小交通事故或行车障碍的影响容易消除,在事故路段的运行服务情况比 A 级差些。

C 级服务水平:描述的是稳定运行,但交通量接近于饱和状态,交通量稍有增加将显著降低运行服务质量,车辆行驶灵活性明显受到限制,变换车道时驾驶员要格外小心,较小交通事故仍能消除,但事故发生路段的服务质量大大降低,严重的阻塞后会形成排队车流,驾驶员心情紧张。

D 级服务水平:描述的是接近于不稳定交通流,交通量稍有增加就会导致服务水平的显著降低,车辆行驶灵活性严重受限,驾驶人员身心舒适水平降低,即使较小的交通事故也难以消除,会形成很长的排队车流。

E 级服务水平:其下限描述的是达到通行能力时的运行状态。对于交通流的任何干扰,例如车流从匝道驶入或车辆变换车道,都会在交通流中产生一个破坏波,交通流不能消除它,任何交通事故都会形成长长的排队车流,车流行驶灵活性极端受限,驾驶人员身心舒适水平很差。

F级服务水平:描述的是强制或故障交通流,一般出现在事故点后形成的排队车流中,出现 F 级服务水平的原因是实际到达的交通量大于实际通行能力。

以上六级服务水平的描述是针对非中断性交通流的公路设施的。

我国公路服务水平现分为四级,一级相当于美国的 A、B两级,二、三级相当于美国的 C、D 级,四级相当于美国的 E、F 级。

1.4.2 高速公路通行能力和服务水平

1. 基本路段通行能力计算

(1)基本通行能力

基本通行能力又称理论通行能力,是指在一定时间段(取 15 min 或 1 h)和理想的道路、交通及管制条件下,一条车道的一个断面所容许通过的最大持续交通流。

按车头时距计算,其计算公式为:

$$C_B = 3\ 600/t \qquad (1-1)$$

式中 C_B ——一条车道的基本通行能力(pcu/h);

t ——最小安全车头时距(s)。

设计速度为 120 km/h、100 km/h、80 km/h、60 km/h 的高速公路基本路段的 C_B 分别为 2 200 pcu/h、2 200 pcu/h、2 000 pcu/h 及 1 800 pcu/h。

(2)可能通行能力

可能通行能力是在实际道路和交通条件下的通行能力,是道路的实际最大容量,记为 C_K。在实践中,完全理想的状况是不存在的,总有一些条件不符合理想的标准。这种实际条件与理想条件的差异,将会造成道路理论上的最大容量——基本通行能力折减,故可用式(1-2)来确定可能通行能力 C_K。

$$C_K = C_B \cdot r_1 \cdot r_2 \cdot r_3 \cdot r_4 \cdot r_5 \qquad (1-2)$$

式中　　　　　C_B——一条车道的基本通行能力(pcu/h)；

r_1,r_2,r_3,r_4,r_5——车道宽度折减系数,侧向净空折减系数,纵坡度折减系数,视距不足折减系数,沿途条件折减系数。

纵坡折减系数的确定与车辆换算系数有关,通常是根据载货汽车所占百分数按式(1-3)计算：

$$r_3 = \frac{100}{100 - P_T + E_T P_T} \qquad (1-3)$$

式中　P_T——载货汽车所占百分数；

E_T——载货汽车换算为小汽车的当量值,可按一定坡度和坡长查表求得。

(3)服务水平与设计通行能力

服务水平亦称服务等级,是指道路使用者从道路状况、交通条件、道路环境等方面可能得到的服务程度或服务质量,如可以提供的行驶速度、舒适、方便、驾驶人的视野以及经济、安全等方面所能得到的实际效果等。

设计通行能力是指道路根据使用要求的不同,在不同服务水平条件下所具有的通行能力,也称服务交通量,通常作为道路规划和设计的依据。只要确定了道路的可能通行能力,再乘以给定服务水平的 V/C(理想条件下,最大服务交通量与基本通行能力之比),就得到设计通行能力,即：

$$C_S = C_K V/C \qquad (1-4)$$

关于服务水平的具体划分,前面已进行了详细的介绍。

(4)影响高速公路基本路段通行能力的因素及其修正系数

在上述的基本通行能力和实际通行能力计算中,除共同强调了符合"基本交通安全要求"的前提外,还分别强调了"理想条件"和"实际条件",这说明通行能力是与道路、交通

及驾驶员条件息息相关的,随着这些条件的不同,通行能力
将发生变化。实质上,道路交通是由人、车、路三个要素构成
的有机系统,所以通行能力也必然是这三个方面因素综合作
用的结果,这些因素对通行能力的影响机理,正是我们要加
以分析讨论的。

考察实际通行能力的分析过程和计算式可以看到,决定
实际通行能力的要素为交通流模式和自由车速,道路条件、
交通条件及驾驶员条件对通行能力的影响,正是通过这两方
面来反映的。一般而言,交通流模式本质上反映了人(驾驶
员)的因素的影响,不同群体的驾驶人如出行目的不同、职业
不同等,都会有不同的要求与感受,从而表现为期望间距的
不同。只要期望间距不符合最小安全间距模式,亦即不满足
理想的驾驶员条件,那么从安全要求方面来讲,就只能允许
期望间距更大,这必然会使通行能力有所下降。

道路条件、交通条件及驾驶员条件都会影响自由车速,
从而使通行能力下降。道路条件的影响机理为:

①车道宽。当车道宽小于 3.5 m 时,平行行驶的车辆间
的侧向间距就小于通常情况下驾驶员希望保持的值,这会使
驾驶员产生压抑感和不安全感,从而通过降低车速来加以
补偿。

②侧向净空。侧向净空不足于 1.75 m 时,路旁的物体
将会使驾驶员产生压抑感和不安全感,从而使车辆偏向车道
的另一侧行驶,这与车道变窄是等价的,需降低车速来加以
补偿。实际调查表明,最右侧车道受侧向净空不足的影响最
为敏感。

③线形。道路的平、纵曲线直接影响车速,平曲线半径
越小,车速越低。纵曲线坡度越大,车速受影响越大,对大型
车辆尤为明显。

④路面。路面状态直接影响车速,像路面破损、打滑等,

都会使车速降低。

⑤视距。视距不足将会迫使驾驶员降低车速,以满足行车安全需要。

⑥限速。限速规定将直接限制了最大车速。

交通条件主要是指车流中的车辆组成,它能显著影响自由车速。例如由于车辆的动力性能,大型车的车速小于标准小客车的车速,所以大型车的混入就会直接限制车流的自由车速,而且这种限制会随着超车可能性的降低而急剧增强,在纵坡路段随着坡长的增加就更加突出。另外,不同群体的驾驶员由于其感受和要求不同,也会影响自由车速。

当然,人、车、路三方面因素的影响作用不可能截然分开,它们之间有着复杂的内在联系,车、路方面的影响,多通过对驾驶员的影响而最终得以实现。但就综合效果来讲,不符合理想标准的道路、交通和驾驶员条件,其直接后果就是导致自由车速降低,从而导致基本通行能力折减为实际通行能力。

第2章 高速公路服务系统基础理论

2.1 基本理论

2.1.1 系统理论

1. 系统理论概述

系统是由相互作用和相互依赖的若干组成部分结合成的，具有特定功能的有机整体。不同的国家对系统的定义不同。美国韦氏大辞典将系统定义为"系统是相互作用、相互依赖的诸要素形成的综合各种概念和原理的集合"。日本的JSI标准将系统定义为"许多组成要素保持有机的秩序，向同一目标的行动的集合体"。奥地利生物学家贝塔朗菲则将系统定义为"相互作用的诸要素的综合体"。而我国则普遍将其解释为："系统是由相互制约、相互作用的一些部分组成的具有某种功能的有机整体"。

由此可见，由诸要素整合而成的集合系统必须具有一定的特性，或者表现为一定的行为，而这些特性和行为是它的任何一个部分都不具备的。系统是一个由许多要素所构成的整体，但从系统功能来讲，系统又是一个不可分割的整体，如果将其分割开来，它将失去原来的性质。

2. 系统理论在高速公路服务系统的应用

目前系统思想和方法已在相当程度上融入自然科学、社会科学、工程技术、经营管理等诸多方面的研究实践中。系统方法是一种新的逻辑方法，包括系统分析和系统综合两个方面的内容。高速公路服务系统是以满足高速公路使用者对交通服务的需求目标为中心，以车辆需求、高速公路供给平衡为基础的多种要素组合的综合体,它是一个由人、车、路、环境组成的受控的综合系统。高速公路服务系统作为一个系统对象进行分析和研究,是因为其本身符合系统的统一性原则。第一,高速公路服务系统由多种服务子系统组合而成,高速公路内部的特定结构一般可视为具有相同特征的子系统,其整体和各子系统之间以及它们内部的设计和应用必须贯彻"全局最优"的统一思想。这符合系统科学的精髓,即"总体协调,实现全局最优"。第二,无论何种服务设施,复杂程度如何,都是"人、车、路、环境"这一大系统中的一个组成部分,其整体和各子系统共有一个统一的目标,即实现为道路使用者服务质量的最大化。目标与主要协调变量以及两者构成的关系对于这一特定系统均有统一性。第三,各个子系统内部受同一自然法则支配,对其进行分析时也应用统一法则,而不同子系统各自内部和不同子系统之间并不要求受同样的自然法则支配。这符合系统科学研究对象的特征。

系统方法在高速公路交通系统中的运用,就是在鉴定它的要素、组成部分和分系统之后,制定有关模型来描述这些组成成分的相互作用。系统方法可以通过确定目标函数、进行定量分析,把系统分解,在动态中分析和协调各部分、各层次与整体的关系,使部分的功能和目标服从于系统的总体要求和目标,从而达到系统优化。明确了高速公路服务系统系统属性,即可运用系统论的思想和方法研究与高速公路服务系统有关的许多问题。高速公路服务系统研究作为一项有目的、有步骤的探索与分析工作,完全符合系统分析的概念和流程;从系统的长远和总体最优出发,在选定系统目标与准则的基础上,分析构成系统的各子系统的功能及相互关系,以及系统同外部环境的相互影响;然后再在调查研究、收集资料和系统思维推理的基础上,产生对系统的输入、输出及转换过程的种种设想,探索若干可能相互作用的系统提高服务质量的方案;最后,综合技术、经济、组织运营管理、方针政策等各方面因素,以寻求对系统整体效益最优和有限资源配置最优的方案,为决策者提供选取方案的科学依据和信息。

2.1.2　木桶理论

　　"木桶理论"来源于古典经济学,其内容是:一个由许多块长短不同的木板箍成的木桶,决定其容水量大小的并非是其中最长的那块木板或全部木板长度的平均值,而是取决于其中最短的那块木板。要想提高木桶整体效应,不是增加最长的那块木板的长度,而是要下功夫补齐最短的那块木板的长度。也就是说,事物的最终结果,往往受制于要素的最低水平:要提高系统的总体水平,通常要从事物"最短的那块木板"着手,采取合理措施,提高事物的整体效果。从经济学意义上来说,木桶理论可以用边际效用来解释。

　　用 U 来表示高速公路服务系统的总体效用, $TU_i(i=1,2,3,\cdots,n)$ 表示系统某一方面的效用, $MU_i(i=1,2,3,\cdots,n)$ 表示系统某一方面的边际效用, Q_i 为对系统某一方面的数量描述,则 $TU_i=f(Q_i)$, $MU_i=\mathrm{d}TU_i(Q_i)/\mathrm{d}Q_i$,系统的总体效用为系统各方面效用的综合,可表示为系统各方面效用的函数 $U=f(TU_i)=f[f(Q_i)]$ 。若系统第 i 方面的效用 TU_i 最小,则在相同条件下其边际效应 MU_i 最大,增加相同的 ΔQ ,其对系统总体效用的提高贡献最大。木桶理论反映的正是这样一个道理,在边际效用递减这一规律作用下,制约高速公路系统发展的"最短木板"(其效用最低)对于系统总体效用的提高至关重要:从系统发展的最薄弱环节("最短的木板")着手进行改善,系统取得的效果往往是最明显的。

　　因此在分析高速公路服务系统时,应该重点分析影响高速公路服务系统的关键因素,找出其合理的解决方法,为提高高速公路服务系统质量提供合理策略,以期提升高速公路服务系统的整体效果。

2.1.3　生产力理论

高速公路的根本目的是为国民经济和社会发展服务,而国民经济和社会的发展又离不开生产力的发展。高速公路服务是公路运输生产力发展的标志,因此其必须能促进公路运输生产力的发展。生产力是劳动者在一定的科学技术水平和生产组织与管理水平条件下形成的利用自然、改造自然的能力。构成生产力的要素主要有以下三个层次:①基础层要素:劳动者、劳动资料、劳动对象;②中间层要素:组织与管理;③引导性要素:科学技术与教育。

从一般理论形成的逻辑可知,任何产业生产力构成要素都服从于一般生产力理论所揭示的模式。实际上各产业生产力构成上的差异只是各要素构成的具体内容及其表现形式不同而已。在此,着重阐述高速公路服务生产力的特殊性。

1. 高速公路服务生产力水平的主要决定因素及实现手段

按照一般生产力理论,反映生产力水平的主要标志及实现应有生产力水平的主要手段都是劳动工具,而反映一个国家或地区高速公路服务生产力水平的主要标志不是劳动工具——车辆,而是高速公路服务系统,但实现这一生产力水平的主要手段则是运输。其一,高速公路服务系统的技术配置对运输车辆使用效率起着基础性的作用;其二,在现代经济环境下,通过贸易手段可便利地解决车辆技术水平不足的障碍;其三,从投资及寿命周期来看,高速公路技术水平升级所需的资金及时间远远大于车辆技术的升级。对于发展中国家来说,由于资金需求大,高速公路技术升级还会受到资金不足的制约。但高速公路系统只是为了运输提供了基础条件，是运输必不可少的劳动资料，其本身并不具有劳动工具的职能，运输才是实现高速公路运输生产力水平的直接手段。从现实生产力水平角度来看，高速公路技术水平的高低，并不是运输生产力水平的客观标准，运输才是关键。从这一特点来看，要提高高速公路服务的生产力水平，不仅要提高高速公路系统的技术配置，而且还必须促使相应水平的运输的实现。

2. 劳动对象是人或以物为外在条件的人

旅客运输的对象是人，而货物运输的对象从外在表现上看是货物，正因为此，现有运输的劳动对象从本质上看，仍然是人——货主，因为货物不可能脱离货主而存在，而且运送需求的全部内容均是货主需求的体现。高速公路服务的显著特征之一，是生产过程与消费过程统一，运输产品的位移不可能储存与调拨，也正说明货物不可能脱离货主而独立存在。从劳动对象这一特征来看，运输业与服务行业是相同的。正因为如此在产业分类时，把整个运输业归并到服务行业中。由于劳动对象是人而不是物，运输系统的社会性非常直接、鲜明。在一定的社会条件下，人的需求具有多层性、多面性、多样性，由此决定了各种运输方式的发展空间。虽然支撑着人们需求的层次、方面、形式及其具体内容的因素众多，但是"物有所值"是最根本的。在条件允许的情况下，人们会根据自身的具体情况（约束条件）去选择自认为理想、较好、可接受的运输方式。理想、较好、可接受这些衡量标准看起来似乎很模糊，但实际上是很明确的，人们根据自己的包含有习惯、观念等因素的具体情况，从方便性、舒适性、经济性、安全性、可靠性等方面加以综合权衡，并以"物有所值"的准则来选择。这样与以"物"为劳动对象，且劳动对象的"技术性"影响生产力水平的产业相比，运输生产力发展的影响因素更为复杂,更具多样性。

如前所述,高速公路服务的根本目标是为国民经济和社会发展服务。而要实现目标就离不开高速公路生产力的提高,因此必须按照生产力要素平衡配置的原则,协调高速公路服务体系各组成要素。公路基础设施,是反映公路服务生产力水平的关键因素,而实现公路服务生产力水平的过程则是运输。因此,在研究系统要素构成时,应以充分发挥高速公路的效用为基本出发点,以高速公路运输需求为导向,以实现高速公路运输为目标,适度、平衡、协调安排高速公路服务生产力的各要素。

2.1.4　协调理论

协调是指为实现系统总体演进的目标,各子系统或各元素之间相互协作、相互配合、相互促进而形成的一种良性循环态势。从系统学的角度而言,既不能离开系统的演化来讨论协调,把协调当成结构稳定的同义语;也不能把协调等同于平衡,把协调范畴仅仅归结为系统结构的静态比例关系。协调应是发展的一种规定,是对系统的各种因素和属性之间的动态相互作用关系及其程度的反映。为实现系统的总体协调,不能仅仅考虑某一制约因素,必须充分考虑到其他的制约因素,这样才有可能实现真正意义上的协调。系统之间或系统组成要素之间在发展演化过程中彼此和谐一致的程度称为协调度。为实现系统之间或系统组成要素之间的和谐一致而采取的若干调节控制活动称为协调作用。所有可能的调节控制活动及其所遵循的相应的程序与规则称为协调机制。协调作用和协调度决定了系统由无序走向有序的趋势与程度,协调机制则反映了协调作用的选择与作用规律。

研究高速公路服务系统评价时,必须结合高速公路是一个动态系统的特征,将高速公路服务系统内外因素的影响协调起来进行评价。

2.2　高速公路服务系统的定义

　　高速公路在运输能力、速度和安全性方面具有突出优势,对实现国土均衡开发、缩小地区差别、建立统一的市场经济体系、提高现代物流效率具有重要作用。21 世纪的今天,高速公路在现代社会的方方面面发挥着巨大的作用,已经成为国力强盛和国家现代化的重要标志之一。

　　高速公路服务系统是交通运输系统的一个子系统,而其本身则是由场站和枢纽设施、车辆系统、运营管理保障系统、信息服务系统、法律法规体系、交通参与人员等诸多系统交织而成的复合系统。

　　众所周知,系统是由两个或两个以上的可以相互区别、相互作用、相互依赖的要素构成的具有特定功能的有机整体。因此,根据系统的定义,高速公路服务也可以构建为系统,其构成要素(子系统)主要有高速公路的主体设施、场站和停靠设施、车辆系统、运营管理保障系统、信息服务系统、法律法规体系、交通参与人员以及交通环境等,这些要素相互联系、相互作用、有机结合,目的是高效、安全、快捷、方便地实现人和货物的移动。

　　随着人民群众生活水平的不断提高,参与高速公路活动愈加频繁,相对于传统交通运输业,其服务内容、服务方式、服务质量发生了新的变化。在国家提出交通运输业向现代服务业转型的大背景下,从现代服务业的角度出发,把整个高速公路服务系统置身于国民经济与社会发展的大系统中进行研究,将安全、便捷、舒适、高效、个性化服务、资源节约、环境友好等"现代要素"融入其中。因此,将面向现代服务业的高速公路服务系统定义为:依托现代化的技术和服务方式,为人和物的移动提供高附加值、高层次的生产服务和生活服务而应具备的诸多要素的系统的集合。

结合行业特点,针对关键要素来研究、探讨高速公路服务系统,它是在一定的时间和空间里,由所需位移的人和物、运输工具、运输基础设施、经营管理等有关人员和组织、信息等若干相互制约、相互联系的动态要素所构成的具有特定功能的有机整体。

高速公路服务系统的目的是以满足人和物的位移为核心,保证服务正常,车辆使用可靠,安全生产,达到最佳的材料用量和最低的劳动消耗,减少整个道路运输行业对环境的污染和人类的危害,实现空间和时间效益,从而取得最佳的经济效益。

2.3　高速公路服务系统的内涵

对于高速公路服务系统的内涵,可以从狭义和广义两个角度来解释这一概念。在传统的理论中,由于产品属性、发展动力、发展方式、行为属性、归口管理部门等方面的不同,一般将高速公路基础设施与运输产业分立而论,具体情况见表 2-1。

表 2-1　高速公路基础设施与运输产业的区别

项目	高速公路基础设施	高速公路运输产业
产品属性	公共产品	私人产品
发展动力	较多取决于政府部门作用	较多取决于市场作用
发展方式	政府制定发展规划并组织实施	政府引导市场,市场引导企业
行为属性	政府行为	市场行为
归口管理部门	各级交通部门	综合经济管理部门及交通部门

在传统的理论及实践背景下,高速公路服务系统是指以满足客货位移为基本目标、以运输工具移动为主线建立起来的系统,属于运输产业的范畴。本书将这一层面界定的高速公路服务系统概念称之为狭义的概念。在狭义的概念下,高速公路基础设施属于服务系统以外的因素,在建立服务系统时只作为外部实施条件之一加以考虑。

事实上,自 20 世纪 90 年代以来,原交通部就一直在着力解决公路运输发展滞后于公路基础设施建设的矛盾,试图回答"路修好了,运输怎么办"这一重大问题,并提出了解决这一问题的基本思路是实现"三个同步",即公路基础设施和运输基础设施应做到同步规划、同步建设、同步交付使用。但从实践上看,三个同步并未得到很好的落实。政府作为公路基础设施建设的主要责任者,其建设任务来自于路网规划及其项目建设序列,而我国公路网规划理论是以节点联系为基点建立起来的,路网的层次主要取决于线路连接节点的重要性,建设的基本目标在于按照相应的工程技术规范实现节点之间的连通。而运输业,如前所述,其服务的对象是以"面"的形式分布的,运输过程有一系列作业内容,因此在路网层面上要求处理好"点"、"线"、"面"的衔接,在设施配置上要满足运输作业的要求。显然,公路基础设施建设的基本目标与公路运输业发展的要求并不一致,如果按狭义的概念来认识公路服务系统,就可能造成公路与运输之间的配合不够协调。

修建高速公路的根本目的是为国民经济及社会发展服务的,而从经济联系上看,运输则是高速公路服务于国民经济及社会的最基本也是最主要的环节,因此促进运输业的发展应该成为高速公路建设最基本的出发点。没有公路,运输发展无从谈起;建设了公路若没有运输,公路的经济价值也就荡然无存了。从这个角度说,高速公路与运输是相互依存的,两者有机结合在一起构成完整的高速公路运输系统。可以这样说,公路建设是系统的投入,而运输则是系统的产出。本书将该系统称之为广义的高速公路服务系统。

在广义的概念下,高速公路服务系统从硬件上看包括公路基础设施、运输基础设施(场站、通信设施等)、车辆以及为运输过程服务的相关辅助设施,如维修、加油、装卸搬运和途中急救等相关服务设施;从软件上看,包括构成运输产业发展环境的方方面面,如运输市场、运输政策、法规、运输管理、交通科技等。在不作特别说明的情况下,本书运用的"高速公路服务系统"概念是广义的内涵。

2.4 高速公路服务系统的基本特征

2.4.1 从系统角度分析

高速公路服务系统具有一般系统所共有的特点,即整体性、相关性、目的性、环境适应性,同时还具有规模庞大、结构复杂、目标众多等大系统所具有的特征。

1. 高速公路服务系统是一个"人—机"系统

高速公路服务系统由人和形成劳动手段的设备、工具等组成,它表现为高速公路运输劳动者运用运输设备、装卸搬运机械、仓库、场站等设施,作用于运输对象的一系列生产活动。在这一系列的生产活动中,人是系统的主体。

2. 高速公路服务系统是一个动态系统

高速公路服务系统是一个具有满足社会经济发展需求、适应环境能力的动态系统。为了适应社会经济的不断发展和人民生活水平的日益提高,就需要适时地对高速公路服务系统的构成要素进行改进和完善,从而优化高速公路服务系统。

3. 高速公路服务系统是一个多层次的系统

高速公路服务系统包含多个子系统,并且各个子系统又有不同的分系统。这些子系统的多少和层次的阶数,还会随着社会经济的发展,人们对运输需求的提高和研究的深入而不断扩充。所以说,它是一个多层次的系统。

4. 高速公路服务系统是一个多变量复杂的系统

高速公路服务系统的输入与输出都不是单一的,是一个多变量的系统。服务区、车辆状况、管理水平、人员素质等都会影响到高速公路服务系统的整体服务水平。

5. 高速公路服务系统是一个多目标系统

高速公路服务系统的总目标是实现宏观和微观的经济效益,但其目标是多重的,它要求高效、快速、舒适、安全、清洁等,并且这些目标之间会出现矛盾,如在车辆上设置废气控制系统必将加大车辆的成本。为此,要想保持系统持续稳定地发展,就需要对不同的目标进行统筹兼顾。

2.4.2　从产业角度分析

高速公路服务作为整个运输业的一个组成部分,与其他产业相比,主要具有如下特点:

1. 基础性与先行性

运输业是国民经济的基础,它既是保证社会生产、经济生活及其他各个领域正常化的基本前提,又是促进社会经济及其他各个方面快速发展的先决条件。国民经济体系中其他各产业、人民生活、文化交流以及国防事业的发展无不依赖于运输业的先行发展。

2. 公共性与强制性

从世界银行 1994 年的世界发展报告对基础设施下的定义中我们不难看出,运输业是基础设施,它具有公共服务的功能。与公共性相伴的是对运输业管理的强制性,因为运输业的产品和劳务许多属于公共产品范畴的,因而不能完全以市场机制来进行规范,必须辅之以严格的管理才能使得运输业快速健康地发展。

3. 资金密集性和成本沉没性

高速公路服务的开展离不开大量的资金,特别是运输基础设施建设的投资巨大,具有资金密集性的特征。而且,运输基础设施一旦建成就很难移作他用,再加上投资回收期较长,因此,高速公路服务投资具有沉没成本的特性。

4. 产品的无形性和生产消费的同步性

高速公路运输对象空间位置的改变,是运输业的效用,也是运输业的产品。因此高速公路运输产品具有无形性的特征,并且运输业和其他产业不同的是,不同运输方式生产的是同一的产品。同时,运输业的产品是不能同生产过程相分离的,即运输产品的生产和消费是合二为一的,在空间上和时间上是结合在一起的。

5. 运输需求的派生性和不均衡性

运输不是目的,而是手段。任何主体对运输的需求都是为了达到某种生产或消费的目的而派生出来的。因此,高速公路运输需求将会随着社会经济的发展和人民生活水平的提高而大量派生、不断变化。同时,高速公路运输需求也会由于时间和空间的不同而呈现出不均衡性。

2.4.3 当前形势下高速公路服务系统的基本特征

高速公路服务作为一个系统,在交通运输业向现代服务业转型的今天,其各个子系统应具备如下特点:

1. 主体设施系统合理化、可靠化、便捷化

即高速公路运输设施的供应能力大大提高,交通运行畅通快速,运输更加灵活、方便,整个运输系统更便捷有效。

2. 附属设施系统智能化、安全化、人性化

即高速公路管理保障系统的智能化、信息化、集约化程

度较高,具有较为完备、高效的不停车收费、联网收费、交通
信息检测、交通信息发布、车辆维修服务等系统。以"始于客
户需求、终于客户满意"为目标,基本建立起交通运输信息服
务系统,逐步增加"订单式"、"菜单式"等服务内容,满足人们
多样化、个性化、人性化的服务需求。

3. 管理保障系统法制化、创新化、文明化

即根据交通现代化的发展需求,进一步完善交通法律法
规体系和人力资源支撑保障体系,杜绝高速公路的违规操作
现象,培养素质文明、积极进取、技能精湛、爱岗敬业的交通
从业人员,促使交通行业从业人员的整体素质能够满足现代
服务业发展的需要。交通运输服务的安全性、可靠性大大提
高,具有在较短时间内应对各种自然灾害和突发事件的应急
反应体系和安全运行保障系统;保证交通运行畅通快捷。

4. 环境系统低耗化、环保化、经济化

即高速公路服务的产出附加值较高,占用土地、消耗能
源较少,人们出行更加方便,其高度发展对资源、环境不会形
成很大的压力。

2.5　高速公路服务系统的构成要素

高速公路服务系统为人和物的移动提供全面服务,既包
括硬件服务设施,又包括软件服务手段。因此,高速公路服
务系统根据范围及其服务对象的不同,可划分为主体设施系
统、附属设施系统、管理保障系统、环境系统四个子系统。
高速公路设施系统构成了为社会服务的基础设施平台,管
理保障系统构成了为社会服务的业务管理平台;环境系统
构成了为社会服务的效益监测平台;其构成如图 2-1 所示。
从其涵义和构成可以看出,高速公路服务系统比较复杂,既
有政策管理方面提供的服务,又有业务、技术、信息等方面
的服务。

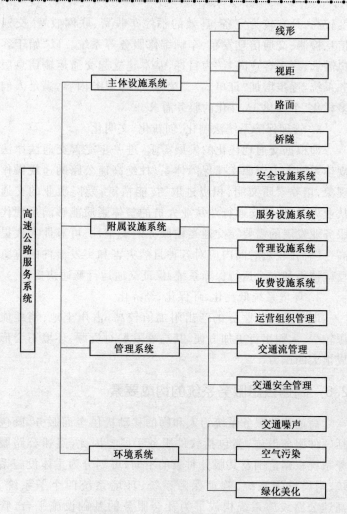

图 2-1　高速公路服务系统构成要素图

第3章 公路服务质量理论

3.1 公路服务本质探讨

3.1.1 服务和服务业

1. 服务的定义

服务,一般而言也称劳务,是不以实物形式而以提供劳动的形式满足他人某种需要的活动。西方关于服务的研究始于 20 世纪五六十年代市场营销学界。1960 年,美国市场营销学会将服务定义为"用于出售和同产品连在一起进行出售的活动、利益或满足感"。1963 年,美国著名营销学者雷根(Regan)提出服务是提供满足或者与有形商品一起提供满足的抽象性活动。1974 年,美国营销学者斯坦顿(Stantow)提出,服务是一种特殊的无形活动,它向顾客提供所需的满足感,与产品销售和其他服务并无必然联系。1983 年,美国营销学者莱特南(Lehtinen)认为,服务是与某个中介人或机器设备相互作用,为消费者提供满足的一种活动或一系列活动。1990 年,芬兰营销学者格罗鲁斯(Gronroos)将服务定义为发生在顾客与提供者及其有形资源、商品或系统的相互作用的过程中,为顾客解决问题的或多或少具有无形特征的一系列活动。1991,国际标准化组织认为服务是为了满足顾客的需求,供方与顾客接触的活动和供方内部活动所产生的结果。

从上述定义可知,服务的概念包括四个基本内涵:

(1)服务是一种抽象的无形活动。

(2)服务以满足消费者需求、解决用户问题为目的。

（3）服务产生于消费者和生产者的相互作用之中，消费者需要参与服务过程。

（4）服务活动既包含过程，又包含结果。过程是结果的载体，结果是过程的目的。

2. 服务的特征

服务是无形、抽象的东西，难以形象地感知。同有形的实物产品相比，服务具有无形性、差异性、不可分割性、不可储存性和所有权不可转移性。

（1）无形性

实物产品具有有形的内在要素和外在特征，可以直接触摸感知，而服务的构成要素和外在特征无形无质，让人难以触摸。服务无法用形状、质地、大小等标准来衡量，用户接受服务之前无法准确描述服务期望，接受服务之后获得的收益也很难量化或仅能抽象的描述。服务提供者一般很难了解用户是如何评价服务质量的。

（2）差异性

服务的构成成分和质量水平经常发生变化，服务可能因提供人员的不同、时间和空间的变化而出现差异；同时，用户感知服务质量具有很强的主观性，受社会背景、收入差异、消费经历、偏好、消费目的的影响，用户对品质相似的服务的感知绩效存在差异。

（3）不可分割性

实物产品从生产、流通到最终消费由一系列相互连接的过程构成，其生产和消费过程具有一定的时空间隔。服务的生产与消费在时空上通常不可分割，服务的生产与消费过程同时进行，时间和空间上无法分离。服务组织提供服务的过程与用户消费服务的过程重叠。服务的这一特征表明，用户只有而且必须参与到服务的生产过程才能最终消费到服务。

(4)不可储存性

服务不能像有形商品那样,通过提供存货满足消费者需求。服务提供者只能在消费者提出需求的时刻通过"即时"生产服务,不可能存在超量生产留作存货的可能。因此,服务的不可存储性决定服务行业是纯粹的需求诱导型行业,准确把握和预测消费者需求是服务企业生存的基石。

(5)所有权不可转移性

有形产品交易时发生所有权的转移。比如消费者向汽车销售公司购买一辆汽车,交易行为发生后,消费者就拥有汽车的所有权,消费者与汽车销售公司之间是产品交易关系。而服务的交易一般不发生所有权的转移。比如消费者向汽车租赁公司租用一辆汽车,消费者在租用期内具有汽车的使用权,而不具有所有权,租赁期满后,汽车继续归租赁公司所有,因此消费者与租赁公司之间就是一种服务与被服务的关系。

3. 服务业

服务业是以提供服务为主的生产组织的统称。目前,国内外对服务业和服务产品主要有五类划分方法。

(1)联合国统计署的服务分类法

1991年,联合国统计署发布《主要产品分类》(CPC)。其中涉及服务行业的有五个部类:①建筑服务类;②销售、住宿、膳食和饮料供应、运输、公用事业销售服务类;③金融、不动产、出租和租赁服务类;④商业和生产服务类;⑤社区、社会和个人服务类。公路运输和公路运输支持性服务属于陆路运输服务,编号分别为642和675。

(2)世界贸易组织的服务分类法

依据WTO世界贸易理事会认可的国际贸易服务部分分类表,服务分为商业服务类、通信服务类、建筑及相关过程服务类、销售服务类、教育服务类、环境服务类、金融服务类、与医疗相关的服务和社会服务类、旅游及相关服务类、娱乐、文化和体育服务类、运输服务类、其他服务类。公路运输服务和公路运输支持性服务属于运输服务类,编号分别为 11.6和 11.6.4。

(3)国际标准化组织的服务分类法

1991 年 ISO/TC 制定 ISO9004.2:1991《质量管理与质量管理体系要素第二部分:服务指南》,将服务分为接待服务类、交通与通信服务类、健康服务类、维修服务类、公用事业服务类、贸易类、金融类、专业服务类、行政管理类、技术服务类、采购服务类、科学服务类。公路运输与公路支持性服务属于交通与通信服务类。

(4)认可业务范围内服务分类法

1999 年,我国质量管理体系认证机构国家认可委员会等同采用欧洲认可合作组织(EA)认可业务范围分类法,其中服务业主要包括废旧物资回收、发电与供电、供气、供水、批发和零售、宾馆和餐馆、运输仓储和通信、金融地产和出租、信息技术、科技服务、行政管理、教育、医疗卫生保健、其他服务。公路运输和公路服务属于运输、仓储及通信服务类。

(5)中国国家统计局的服务分类法

我国国家统计局 1985 年 4 月关于一、二、三次产业的划分中,提出服务劳动的部门包括四类:①流通部门,包括交通运输业、邮电通信业、商业饮食业、物资供销和仓储业;②金融、保险、咨询信息服务、技术服务等为生产服务和园林绿化、环境卫生、洗衣、沐浴等为居民生活服务的部门;③教育、文化、卫生、体育等为提高科学文化和居民素质服务的部门;④国家机关、党政机关、社会团体、军队、警察等为社会公共需要服务的部门。公路运输及公路服务属于流通服务部门。

根据国内外通行的服务行业分类法,国际上普遍认同公路运输和公路服务属于服务性行业。因此,借鉴服务的一般理论来解释公路服务的思路从行业划分来看是可行的。

3.1.2　公路服务概念

1. 公路服务定义

公路服务是服务理论应用于公路运输领域的特殊概念。本书根据服务的定义和公路运输的特点确定公路服务的定义——公路服务是在人、车、物空间位移过程中,公路部门通过公路系统提供条件、环境和活动来满足用户行车需求的过程和结果。公路服务的概念包括以下基本内涵:

(1)公路服务的主体

公路服务的主体是生产、提供和管理公路服务的单位和企业的统称,本书将公路服务的主体统称为公路部门。在我国现有的公路管理体制下,公路部门包括实施行政管理的政府部门、履行政府管理职责的事业性单位、企业制的公路经营公司。具体到某条公路上,公路部门有三种类型:①各级政府的交通主管部门及派出机构,如公路局、交通运输局,这类公路部门主要提供公共性较强的农村公路,以社会效益最大化为目的。②收费还贷型的公路企业。由于建设资金短缺,我国实行"贷款修路、收费还贷、滚动发展"的政策,修建相当数量的由政府贷款、通过收取通行费偿还贷款的公路,这类公路企业的经营目的兼顾社会效益和企业利润。③收费经营型的公路企业。为广泛吸引社会资金参与公路建设,政府实行特许经营政策,允许私人企业经营收费公路,这类公路企业的经营以利润最大化为目的。

无论哪种类型的公路部门,都以提供公路服务作为实现目的的手段。

(2)公路服务的客体

公路服务的客体(又称为公路用户)是接受公路服务的消费者的统称。公路用户有狭义和广义之分。狭义的公路用户指通过公路系统实现运输服务的组织的统称,包括车辆、驾驶员、乘客、货物,其中车辆和驾驶员是公路服务的直接消费者,乘客和货物是公路服务的间接消费者;广义的公路用户指所有通过公路资源获得收益的单位和个人的统称。如果没有特殊说明,本书的公路用户指狭义用户中的直接消费者。根据使用公路目的的不同,公路用户分为自有运输者和受雇运输者。自有运输者通过自有或租用的运输工具实现自身空间位移交流,以满足自身需求为目的。受雇运输者通过运输工具实现他人的空间位移交流,以满足他人需求并以获取利润为目的。不同目的的用户具有不同的行为理论和价值取向,自有运输者注重自身效用的实现,更倾向于关注公路服务的安全性、便捷性和舒适性;而受雇运输者更注重成本控制和利润实现,更倾向于注重公路服务的经济性。

特别需要指出的是公路用户和运输用户是不同的概念。公路用户是公路服务的消费者,运输用户是运输服务的消费者。就生产关系而言,公路用户是运输的生产者,是运输服务的"厂商",运输用户是公路用户的"客户"。自有运输的生产者和消费者为同一主体,自有运输者既是运输的"厂商",又是运输的"客户"。受雇运输的生产者和消费者分别属于不同的行为主体。

(3)公路系统

公路系统是由公路设施、设备、环境和运营管理等相互关联、相互作用的要素形成的整体,是公路服务生产的平台。公路系统构成要素可分为基础设施系统(硬件)和运营管理系统(软件)。基础设施系统包括主体设施、附属设施与路外环境,其中主体设施包括路面、路基、桥梁和隧道,附属设施包括安全设施、收费设施、服务设施、监控与通信设施。运营管理包括养护管理、收费管理、路政管理、交通管理、监控与通信管理、服务区管理与经营开发。

公路系统的空间构成要素包括节点、路段以及由节点和路段组成的路线、走廊和路网。节点指交叉口或公路的主要出入口,路段指连接节点之间的公路设施。若干相邻节点和路段串连在一起的形成路线,两个及以上相互平行的临近路线构成走廊,相互关联的一系列路线形成路网。路线、走廊和路网都可称作公路系统。公路系统的服务根据空间形态的不同可分为路线服务、走廊服务和路网服务。路线服务、走廊服务、路网服务是微观、中观和宏观的关系。本书主要研究微观层面的公路系统,若无特殊说明,本书的公路服务指路线的服务。

（4）公路服务内容

公路服务的内容包括车辆行驶服务和附属服务。车辆行驶服务是指公路系统提供车辆行驶的空间和承载力,满足车辆顺畅行驶,实现车辆、人员和货物空间位移的活动。附属服务指公路系统提供的满足用户行车过程中的派生需求的外延活动,包括车辆维修、加油、加水,人员的休息、就餐、方便,货物的装卸处理等活动。车辆行驶服务是公路服务的核心内容,外延服务是车辆行驶服务的有益补充。

（5）公路服务的目的

公路服务的目的是满足用户的行车需求,而用户行车需求是用户对公路服务物质和精神方面的需求,是用户消费预算约束下的愿意而且能够接受的公路服务。用户对公路服务的需求具有层次性。可达需求是用户的最低层次的需求。可达需求得到满足的情况下,用户还有安全需求、便捷需求、经济需求和舒适需求。

（6）公路服务的构成要素

从公路服务生产和消费过程看,公路服务由服务条件、服务环境和服务活动三个要素构成。

公路服务条件指满足用户行车需求的公路系统的主体

设施以及隐含要素构成的行车条件。比如公路的线形要素、视距状况、路面状况、桥隧状况等都属于公路服务条件。

公路服务以提供行车载体的设施为主,人员活动为辅,劳动密集性较低。公路服务条件是实现用户行车的前提和基础,决定了整个公路系统的服务能力。公路服务环境指满足用户行车需求的公路系统的附属设施和路外环境构成的行车环境。附属设施包括安全设施、收费设施、监控和通信设施、服务区设施,路外环境指公路主体设施以外的空间范围,主要指公路绿化、路侧景观等。公路服务环境是用户安全、便捷、舒适行车的保障。

公路服务活动指满足用户行车需求的公路部门的运营管理活动和用户的行车活动。运营管理活动是公路部门维护设施状况、确保行车安全畅通的管理活动,既有系统内部经营活动,又有与用户接触的交互活动,包括养护管理、收费管理、交通管理、监控、通信管理、服务区管理与经营开发。用户行车活动指车辆行驶运动,主要体现在交通流状态、运营成本等方面。公路服务活动既是公路服务实现的保障,又是公路服务实现的过程,更是公路服务结果的体现。

2. 公路服务与公路运输服务

公路服务是公路部门提供的满足用户行车需求的一系列条件、环境和活动的过程和结果。公路运输服务是运输企业利用车辆实现旅客和货物空间位移需求的过程和结果。两个概念非常容易混淆,两者既紧密联系又相互区别。

(1)公路服务与公路运输服务的区别

1)主体不同。公路服务的主体是公路服务的提供者,包括公路管理部门、公路运营公司等。而公路运输服务的主体是运输服务的提供者,包括自有运输者和受雇运输者。

2)客体不同。公路服务的对象包括车辆、驾驶员、旅客和货物,其中车辆和驾驶员所属的运输企业是直接消费者。

而运输服务的对象是旅客和货物。

3)服务内容不同。公路服务满足用户行车需求,服务内容包括车辆行驶服务,人员休息、就餐、方便、车辆维修、加油等附属服务;运输服务满足用户空间位移需求,服务的内容是旅客、货物空间位移的实现。

4)生产投入要素不同。公路服务生产需求投入公路设施、行车环境和运营管理,而运输服务需要投入车辆、驾驶员和公路服务。

(2)公路服务与公路运输服务的联系

1)从生产关系看,公路服务是公路运输服务的基本投入要素。公路运输得以实现,需要公路设施、公路运营管理系统、车辆、驾驶员的共同参与。车辆、驾驶员归运输企业所有,公路设施和公路运营管理系统归公路部门所有。基础设施与运输工具分离的特点决定运输企业组织运输生产的时候,必须"租用"基础设施。这种"租用"关系形成公路部门和运输企业之间服务关系。同时,运输服务是公路服务的实现途径。公路服务的生产需要运输企业参与其中,当且仅当车辆顺畅的通过公路完成旅客和货物的运输,公路服务才能得以实现。

2)从需求看,旅客和货物空间交流的需要产生运输需求,运输需求催生运输企业的运输服务供给,而运输服务供给产生公路服务需求。归根结底,公路服务需求来源于运输服务需求。

3)从生产过程看,公路服务的过程融入公路运输服务的过程,公路运输的过程同时也是公路服务实现的过程,二者在时空上重叠。公路运输的开始是公路服务生产和消费的开始,公路运输的结束也是公路服务生产和消费的结束。

4)从质量看,公路服务质量与运输服务质量彼此交织。公路服务质量是运输服务质量的必要条件,良好的运输服务质量必然需要良好的公路服务质量。而运输服务质量是公路服务质量的体现。公路服务质量、车辆性能和司机的驾驶技术相互作用难以分离,公路服务质量体现在运输服务质量上。比如,公路系统即使提供高质量的服务,但如果司机的驾驶技术差、车辆性能差,旅客也很难感受到高质量的服务。

3.1.3　公路服务特征

公路服务除具有不同于有形产品的特点外,还具有很多不同于一般服务的特点。

(1)无形性与有形性

公路服务作为满足用户行车需求的过程和结果,其生产和消费具有无形性。用户使用公路之前无法准确描述服务期望,使用公路之后难以准确度量收益。同时,公路服务的构成要素又具有一定的有形性,公路设施、行车环境、服务人员具有有形的物理外在特征,其状况和水平可以通过物理指标量化。

(2)差异性

公路服务质量因时间、空间、外在环境的影响存在差异,比如高峰时段行车质量低于低峰时段行车质量,大雾、大风等恶劣天气下行车质量低于天气良好的行车质量。另外,用户的出行目的、行车经验、偏好等因素会影响用户的感知服务质量。比如,受雇货物运输者更关注经济性,而自有运输者更关注安全性,这些不同的用户会对同样的收费标准产生差异。

(3)不可分割性

公路服务的生产和消费同时进行,二者在时间和空间上无法分离。用户在公路上行驶的过程既是公路服务的生产过程,也是公路服务消费过程。不可分割性决定了公路用户必须参与公路服务生产过程,用户体验的公路服务质量既包括结果质量,又包括过程质量。

(4)不可储存性

公路服务无法提供存货满足用户的行车需求。车辆在道路上行驶一次,公路部门就提供一次服务。不可能存在预先超量生产留作存货的可能。

(5)所有权不可转移性

公路设施归公路部门所有,用户只能通过"租用"公路设施的使用权消费公路服务,公路部门与公路用户之间没有所有权的转移。

(6)公共性与竞争性

公路服务是一种介于私用服务和公共服务之间的准公共服务。根据世界银行的研究成果,以高速公路为代表的干线公路的商品性指数为 2.4(指数最大值为 3.0,最小值为 1),具有较高的商品性;农村公路的商品性指数为 1.0,基本没有商品性。公路系统为通道内的所有车辆和人员提供服务机会,特别是普通公路具有非排他性,用户无需缴纳通行费即可使用。另外,公路服务在交通畅通的情况下不具竞争性,不会因为某用户消费了公路服务而导致其他人无法消费。当然,公路若在拥挤情况下就具备竞争性,若在通过收费的方式限制非付费用户使用的情况下就丧失了非排他性。

(7)拥挤性

由于公路设施建设周期长、投资大,短期内无法改变设施服务能力,因此在一定的道路条件和交通条件下,公路设施的通行能力固定。短期内,如果交通量接近公路设施通行能力时,服务质量明显下降,用户行车彼此干扰。新增车辆明显影响其他车辆的行驶,使公路服务产生竞争性。运输经济学将这种现象称为拥挤性。

(8)高接触性

按照美国亚利桑那大学 Chase 教授提出的服务分类法,

公路服务属于高接触性服务。用户在公路服务提供的过程中全程参与,消费过程和生产过程完全重叠。

(9)劳动密集程度低、交互定制性程度低

根据劳动密集程度和交互定制程度将服务分为四种类型。公路服务员工的活动少,劳动力成本与资本成本相比只占很小的部分,劳动密集程度很低。同时,公路服务是一种标准化服务,一般不针对用户提供个性化的服务。所以,公路服务属于劳动密集程度低、交互定制性程度低的服务,具有服务工厂的特性。

3.2 公路服务用户需求

3.2.1 需求的相关概念界定

1. 需要与需求

需要是人对事物的欲望或者愿望,是人在生活中感到某种缺乏而力求满足的一种内心状态,是内部环境和外部环境要求在头脑中的反映。需要以某种不满足感被人感受到或者体验到,是人积极性活动的源泉。需要对人的作用体现在两个方面:一是影响人的情绪。人体根据需要的满足程度会产生紧张或松弛、愉快或不愉快、满足或不满足的感觉。二是促使行为的产生。心理学认为,动机是推动人行为的内部动力,而动机是需要的具体表现和内在动力系统。需要产生动机、动机促使行为。需要、动机、行为反复循环、不断演进,构成人活动的心理循环过程,如图3-1所示。因此,可以说需要是人行为的基本动力和源泉。

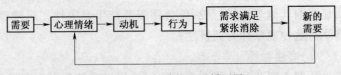

图 3-1   人活动的心理循环图

需求是愿望和能力的综合表述。有需要未必产生需求，但是有需求必然存在需要。经济学认为需求是一定的价格水平下，消费者愿意而且能够购买的商品数量。该定义明确包含愿望和能力的含义，一方面，消费者有购买商品的意愿；另一方面，消费者有购买商品的能力。同理，公路用户对公路服务需求是在一定的费用水平下，用户有支付能力通过使用公路系统实现行车的意愿。为叙述方便，将公路用户对公路服务的需求简称为公路需求。公路需求包含两层含义：一是用户使用公路系统的意愿，即公路服务有满足用户行车需求的能力；二是在费用水平下，用户的消费支出能力。用户在行车过程中需要支付油耗、车辆折旧与损耗、通行费等费用，用户对公路服务的需求必须在用户的消费支付能力范围之内。

2. 效用

效用是用户消费公路服务所获得的满足程度，是用户对公路服务满足自身欲望的能力的一种主观心理评价。效用源于用户对公路服务特性的感知价值，而感知价值是用户感知与期望比较的结果。用户感知与期望的正向差异越大，感知价值越大，用户获得的效用越高。效用受用户需求强度和公路服务质量的双重制约。用户对公路服务的需求强度越大，获取的欲望越强烈，其效用通常越高。比如，一个急需出门的人产生强烈的公路服务的需求欲望，容易形成较低的期望值，导致其感知价值较高，进而获得较高的感知效用。另外，公路服务满足用户需求的能力越强，公路服务质量越优，用户的效用越高。比如一条状况良好的公路总比一条破烂的公路容易产生更高的效用。

3.2.2 需求量变动规律

1. 公路用户需求来源

公路用户需求来源于交通运输需求。追本溯源，这里简要分析一下公路用户需求的来源途径。由于交流的需要和空间阻隔的制约,人类社会产生客货运输需求。人类社会进入工业化以后,社会分工越来越细,无论是个人还是单个生产部门都不可能拥有或生产自己所需的全部物品,经济单元之间需要交流才能获取必需的生产和生活物品。个人向生产部门提供劳动获取工资,然后用获取的工资到消费市场购买生活用品;生产部门到生产要素市场上向其他部门购买原材料,向个人购买劳动力,然后组织生产,并将产品卖给消费者获取利润。

宏观层面上,区域与区域之间的自然条件、资源分布、人口分布、经济发展水平、经济结构和文化背景存在不同程度的差异,这种差异产生交流的需要。同时,原材料、劳动力、生产部门具有空间地理属性,空间位置不可能重合在同一地点。经济单元的交流必须克服空间位置阻隔才能实现。劳动力和原材料只有通过运输才能到达生产部门,产品只能通过运输才能到达消费市场。宏观层面上,除极个别资源门类齐全的地区外,一个地区在从事经济活动中,往往需要以其他地区的劳动力和自然资源作为投入,而它所生产的产品除其自身消耗外,又是以其他地区为输出对象。劳动力、自然资源、产品在地区间的流通需要产生交通运输需求。生产社会化程度越高、地区资源分布越是不均,地区间交通运输需求就越大。

在市场环境下,旅客和货物的空间交流需要产生交通运输需求,而交通运输需求诱导运输服务供给。按照运输方式的不同,运输分为铁路运输、公路运输、水运运输、航空运输和管道运输。除铁路运输的车辆和基础设施都归运输部门所有外,大部分运输方式的基础设施、运输工具、驾驶员分属不同的部门。

公路运输的车辆、驾驶员归运输企业所有,而公路设施归公路管理部门所有。在我国现有公路管理体制下,包括三种类型的公路:一是政府投资、政府管理的公路;二是政府投资、政府特许企业经营的公路;三是企业投资、企业经营的公路。无论那种形式,公路基础设施都不归运输公司所有。而运输的生产需要投入基础设施、运输工具、驾驶员、运输管理系统。由于公路运输公司自己没有公路设施,从事运输生产时需要向公路部门"租用"公路设施,这种"租用"需求就是公路服务需求;公路部门提供公路设施,这种"提供"就是公路服务供给。因此,从本源上来说,公路需求派生于交通运输需求,旅客和货物的空间交流需求是公路需求的本质来源。

2. 需求量影响因素分析

需求量是一定的费用水平下,公路用户愿意而且能够购买的公路服务量,公路服务量是供给条件下实现了的公路服务数量。车辆在公路上行驶一次,就完成一次公路服务,因此公路服务量常用交通量或周转量表示,单位分别用"辆"或"车公里"表示。

由于公路需求派生于交通运输需求,因此交通运输需求的变化必然引起公路需求的变化。交通运输需求受运输服务价格、运输用户收入水平、相关服务的价格、运输服务质量等因素的影响。本书主要探讨公路服务对公路需求的影响,故作如下假定:第一,司机驾驶技能、车辆状况等因素恒等,运输服务价格、质量仅与公路服务价格、质量有关。第二,运输用户、公路用户都是理性经济人,追求效用、利润最大化。第三,市场供需在平衡状态上下波动,不存在供给远远小于需求或者供给远远大于需求的情况。基于以上假设,本文分析公路服务价格、运输用户收入、公路服务质量、其他相关服务的价格与质量对公路需求的影响。

(1)公路服务价格对公路需求的影响

公路服务价格是用户购买公路服务所支付的货币量。

广义的公路服务价格是用户行车费用的总计,包括车辆折旧、轮胎磨损、油耗等运营成本、时间成本和交通税费;狭义公路服务价格指用户与公路部门之间的交易价格,收费公路以通行费的形式征收,普通公路以车购税、燃油税的形式征收。从狭义的角度看,公路服务价格是运输成本的基本组成部分,公路服务价格越高,运输成本就越高,引起相应的运输服务价格就越高。

假设运输市场上有公路运输和其他运输两种运输方式,无差异曲线表示能使运输用户获得某种满足程度的公路运输量和其他运输量的组合,无差异曲线越高,代表的效用水平越高。短期内用户的运输预算为 I,公路运输价格为 P_H,其他运输价格为 P_O。运输用户消费公路运输量和其他运输量满足式(3-1):

$$I = P_H Q_H + P_O Q_O \tag{3-1}$$

式中 Q_H ——运输用户购买的公路运输量;

Q_O ——运输用户购买的其他运输量。

用预算线表示价格水平下用户购买各类运输服务量的关系,代表运输用户"能够"购买运输服务的组合。用户在消费预算约束下追求效用最大化,其均衡点是预算线与无差异曲线的切点。如图 3-2 所示,C 点为初始预算线 AB 与无差异曲线 2 的切点,代表价格水平和预算约束下用户效用最大化的均衡点,对应的公路运输需求量 OD。若公路服务价格下降引起公路运输价格 P_H 下降,预算线围绕点 A 旋转至 AB_2。新的均衡点为 AB_2 与无差异曲线 3 的切点 C_2,运输用户效用增加,对应公路运输均衡需求量 OD_2。公路价格下降引起的公路运输需求增加 D_2D。

上述变动关系可以推广至一般规律:在用户消费预算和其他运输价格不变的情况下,公路服务价格下降引起公路运输需求量增加,进而引起公路需求的增加。用需求曲线表示

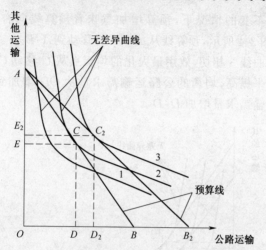

图 3-2　公路服务价格对运输需求均衡影响

公路需求量与公路服务价格的关系,可以得到一条如图 3-3
所示的向右下方倾斜的需求曲线,该曲线表明公路服务需求
与公路服务价格呈逆向变动关系,公路服务价格下降,公路
服务需求量增加。

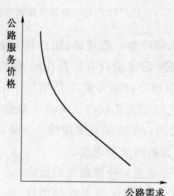

图 3-3　公路需求与服务价格关系

(2)用户收入水平对公路需求的影响

用户收入水平的增加会提高运输消费支出水平。在运

输价格不变的情况下,预算增加意味着预算线向右上方移动,如图 3-4 所示,预算线从 AB 平行移动到 A_2B_2。A_2B_2 与无差异曲线 3 相切,效用最大化的均衡点从 C 移动 C_2,用户效用水平提高,均衡的公路运输需求量从 OD 增加到 OD_2,公路运输需求量增加 D_2D。

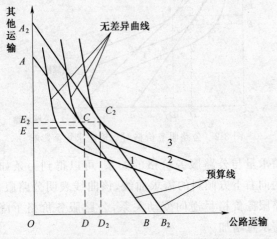

图 3-4　用户收入对运输需求均衡影响

　　将这种关系推广至一般规律:用户收入水平对公路运输需求量和公路服务需求量具有正向作用,用户收入增加引起公路运输需求量和公路服务需求量增加。用户收入水平与公路服务需求之间的关系用收入—需求曲线表示,得到一条如图 3-5 所示的向右上方倾斜的曲线。该曲线表明用户收入水平增加,公路服务需求量增加。

　　(3)公路服务质量对公路需求的影响

　　运输用户根据不同运输方式的价格、服务质量、技术性能进行运输消费选择。公路服务质量是运输服务质量的前置因素,提高公路服务质量能够显著提升运输服务质量,进而引起公路运输竞争力增加,使图 3-6 中的需求曲线从 AB

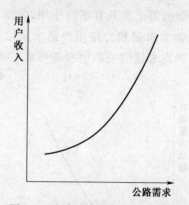

图 3-5 公路需求与用户收入关系

向右移动到 A_2B_2。同时,公路服务质量与车辆行驶油耗、车辆折旧、轮胎磨损、行车时间紧密相关。提高公路服务质量,可以减少车辆运营成本,节约在途时间,降低公路用户的运输成本,导致运输供给曲线从 CD 向右移动到 C_2D_2。在需求效应和供给效应的共同作用下,均衡点从 E 移动到 E_2,均衡公路运输需求量增加 F_2F。

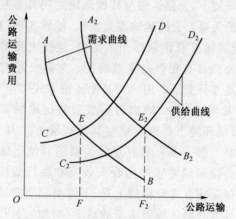

图 3-6 公路服务质量对供需均衡影响

将上述关系推广至一般规律:公路服务质量对公路运输

需求量和公路服务需求量具有正向作用,公路服务质量的提升引起公路运输需求量和公路用户需求量增加。公路服务质量与公路服务需求量的关系用服务质量—需求曲线表示,如图3-7所示。

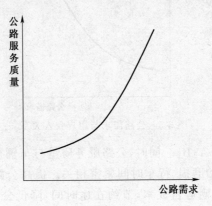

图 3-7   公路需求与服务质量关系

(4)其他运输的价格和质量对公路需求的影响

市场环境下,公路运输与其他运输之间具有互补关系和互相替代的关系。公路运输覆盖面广,能够实现门到门的服务,对其他运输具有集散作用。比如,连接大型港口、机场、火车站的公路具有很强的集散功能。集散公路与其他运输方式之间是互补关系。用户对其他运输方式需求量的下降、上升会诱发用户减少、增加对集散公路运输的需求量。另外,竞争市场环境下公路运输与其他运输方式具有竞争性,相互之间是互替关系。具有互替关系的其他运输方式价格变动将对公路运输需求产生收入效应和替代效应。收入效应指因其他运输方式价格的上升、下降引起用户购买能力下降、上升,导致公路运输需求量的减少(增加);替代效应指用户用公路运输替代其他运输,引起公路运输需求量增加或减少。

　　竞争环境下,公路运输需求的增量是两种效应共同作用的结果。如图 3-8 所示,初始预算线为 BC,与无差异曲线 1 相交于均衡点为 E_0。其他运输方式价格下降,引起预算先变动为 B_2C,与无差异曲线 2 相切于均衡点 E_1。其他运输价格变动引起公路运输需求量变动 A_0A_1,其中包括两部分效应,一部分是运输用户效用不变的情况下,公路运输代替其他运输的替代效应,即图中 A_0A_2,另一部分是新价格体系下,用户消费购买力下降的收入效应,即图中的 A_1A_2。替代效应和收入效应共同作用产生公路运输需求总量的变动。

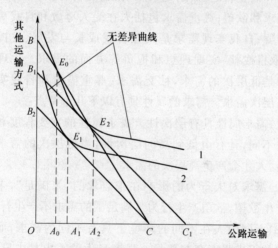

图 3-8　其他运输方式价格变动对均衡影响图

　　上述变动推广至一般规律:其他运输方式价格和质量影响公路运输需求量和公路服务需求量,对于互补关系,其他运输方式价格变动和质量改善对公路服务需求量具有正向作用;对于互替代关系,其他运输方式价格变动和质量改善对公路服务需求量的影响由收入效应和替代效应决定,收入效应具有负向作用,替代效应具有正向作用。

3.2.3 需求属性剖析

1. 需求属性的概念

需求量是公路用户需求的外在表现,需求属性是公路用户需求的内涵。根据美国心理学家马斯洛(Maslow)的需求层次理论,人的需求由低到高分为 5 个层次:生理需求、安全需求、社交需求、尊重需求、自我实现的需求。

生理需求是指人在食物、水、住所、性满足以及其他方面的需求和欲望;安全需求是人保护自己免受身体和精神伤害的需求和欲望;社交需求是人在友谊、爱情、归属以及接纳方面的需求和欲望;尊重需求包括人在受人尊敬和自我尊重方面的需要;自我实现需求是人在自我成长与发展、发挥自身潜能、取得成就、实现理想和抱负等方面的需求。生理和安全需求是低层次的需求,社交需求、尊重需求和自我实现需求是高层次需求。需求的属性具有以下几个特点:

(1)需求属性具有层次性。需求属性的重要程度和发展顺序的不同,具有由低到高的层次性,当低层次的需求得到满足后,人才会产生高层次的需求。

(2)需求对人行为的影响在于需求的"未满足",未满足需求产生欲望,欲望产生行为。满足了的需求不产生行为。

(3)不同的人在不同的环境下具有不同的需求,而且不同层次的需求强度存在差异。强度最大的需求是主导需求,人的情绪和行为由主导需求控制。

对应人的需求层次性,公路用户的行车需求可以归结为由低到高的可达需求、安全需求、便捷需求、经济需求、舒适需求五个属性。可达需求是指用户对车辆顺畅行驶并实现空间位移的需求,是用户对公路系统功能的要求。安全需求是用户对行驶安全、避免生命财产损失的需求,生命财产不受侵害是用户的基本要求。便捷需求是用户对行驶便利、快捷、减少时间消耗的需求。力求用快的速度、短的时间到达目的地,是用户追求时间效益的表现。经济需求是用户对减少行驶费用的需求。确保效用水平的情况下减少费用支出是用户普遍追求的目标。舒适性是用户对行驶心理感觉、自我实现、自由等方面的需求,是在其他需求满足的情况下用户的高层次的需求。

2. 用户需求属性特征

公路用户的需求属性具有以下几个基本特征:

(1)层次性。可达需求是公路用户的最低层次的需求,是其他需求的前提和基础。公路用户使用公路的根本目的在于实现自身的空间位移,用户只有在可达需求得到满足的情况,才可能提出其他层次的需求。安全需求是较低层次的需求,太多数用户在生命财产能够得到充分保障的情况下才可能追求便捷、经济、舒适。便捷需求、经济需求、舒适需求是用户较高层次的需求。

(2)差异性。用户需求属性的强烈程度不同,表现为各层次需求属性在用户心目中的重要性存在差异。需求属性的差异性还表现在需求属性在不同用户之间的差异。用户的出行目的、社会经济背景、行车经历等因素影响用户的需求属性。一般来说,公务出行用户更关注安全、便捷;旅游出行用户更关注经济性、舒适性;客运用户更关注安全性、舒适性,货运用户更关注经济性;高收入用户更关注安全性、便捷性和舒适性;低收入用户更关注经济性。

(3)用户的驾驶行为和服务感知受主导需求控制。根据问卷调查结果,目前我国公路用户的主导需求是安全需求。在主导需求的控制下,用户行车以安全为第一要素,其驾驶行为必然小心、谨慎。用户对公路服务的期望必然包含较多安全方面的因素,对公路服务质量的感知较多从安全角度考虑,感知价值受安全因素影响较大。公路服务质量优劣主要体现在是否满足用户的主导需求上,因此服务质量评价必须包含较多安全性指标。

3.3 公路服务生产与消费

3.3.1 公路服务生产

1. 公路服务生产的基本概念

(1)公路企业

企业是市场环境下生产商品的组织,公路企业是生产公路服务的组织。公路管理机构、公路建设单位、公路运营公司共同参与生产公路服务。本文主要研究运营阶段的公路服务,为便于称谓,将运营阶段的公路管理部门和运营公司统称为公路企业。

(2)公路服务生产

生产是企业投入生产要素制造产品的活动,公路服务生产是公路部门投入生产要素提供公路服务的活动。公路服务是人、车、物空间位移过程中,公路部门通过公路系统提供条件、环境和活动满足用户行车需求的过程和结果。车辆在道路上行驶需要公路系统提供两项基本功能,一是承载力,承担车辆轴载;二是通行能力,提供车辆行驶空间。车辆行驶占用道路空间资源,同时轮胎对路面产生磨损,轴载对路基、路面、构造物产生疲劳或结构破坏,降低公路设施的使用功能。要想使车辆顺畅、安全、舒适的行驶,公路企业必须及时修复破损的道路设施、维持系统运营效率,保障公路系统的服务功能。公路服务生产的实质就是投入生产要素建造、运营、维护公路系统,以满足公路用户的行车需求。完整的公路服务生产过程包括需求研究、规划、设计、施工、养护管理、路政管理、交通管理、收费管理、服务区开发与经营、监控与通信管理等多个生产环节,此处主要分析运营阶段的公路生产活动。

公路企业生产的投入要素是条件(公路主体设施)、环境(公路附属设施和路外环境)、活动(公路运营管理),制造的产品是车辆行驶。车辆在公路上的行驶过程是公路服务的实现过程,车辆使用公路的次数就是公路服务的产量,因此,公路服务产量可以用交通量表示。

(3)生产的周期

按照微观经济学的生产理论,公路企业的生产分为短期生产和长期生产。短期指公路企业来不及调整全部生产要素的时间周期。短期内保持不变的投入要素称为不变投入,公路设施规模和通行能力短期内保持不变,设施建设过程中投入的资本、原材料、劳动力就是不变投入;而短期内变化的投入称为可变投入,运营管理投入的资本、原材料、劳动就是可变投入。长期指公路企业可以调整全部生产要素的时间周期,长期内一切生产要素都是可变要素。就长期而言,公路设施的规模和服务能力可以通过改扩建加以调整。因此,设施规模是否保持不变是区分短期和长期的依据。此处主要研究运营阶段的短期生产。

(4)生产的投入

短期内,公路设施规模不变,设施前期研究和建设过程中的投入为固定投入;公路企业的可变投入发生在运营管理活动中,包括养护管理和其他运营管理活动投入的劳动和资本。其中,养护管理投入包括两部分,一部分是对设施在自然环境作用下产生的老化和破损进行正常维护的投入,这部分养护投入与公路服务产量(交通量、交通结构)无关;另一部分是对车辆行驶产生的磨损、轴载引起的疲劳破坏和结构损坏进行修复、维护的投入,其中路面养护为最主要的投入,这部分养护投入由公路服务产量决定。路面破损与公路服务产量理论上不存在线性关系,但为了研究的方便,假定二者之间具有线性关系,即单位标准车行驶单位距离产生单位的路面破损。按此假定,与车辆行驶相关的养护投入可以平均分担到单位车辆上,那么在不考虑交通结构差异的情况下,车辆行驶产生的养护投入与交通量之间具有线性关系。公路企业进行日常的路政管理、收费管理、交通安全管理、外延服务经营与开发、监控与通信管理需要投入工作人员的劳动、管理设施、设备、办公费用等,这类投入与交通量相关性不大。

2. 公路服务生产成本分析

成本是企业生产中投入的生产要素的货币支出,包括显形成本和隐性成本。本书的成本指显性成本,即企业在生产要素市场上购买或租用的生产要素的实际支出,分为资本利率、材料费用、人员工资。短期内,公路企业的生产成本包括设施折旧成本 C_i(公路设施价值按周期进行折旧,公路设施价值可按公路占地征用费、公路基础设施和运营管理设施的研究、设计、建造的费用支出进行计算)、设施养护成本 C_m 与其他运营管理成本 C_p,总成本 TC_s 按式(3-2)计算。

$$TC_s = C_i + C_m + C_p \tag{3-2}$$

设施养护成本包括与交通量无关的固定养护成本 C_{fm} 和由交通量引起的变动养护成本 C_{vm},按式(3-3)计算。

$$C_m = C_{fm} + C_{vm} = C_{fm} + \beta V \tag{3-3}$$

式中 β——单位车辆产生的公路变动养护成本;

V——交通量。

公路服务生产成本函数表示公路企业生产成本与交通量之间的关系,按式(3-4)计算。

$$TC_s = f(V) = FC + VC = C_i + C_m + C_p$$
$$= C_i + C_p + C_{fm} + C_{vm} = C_0 + \beta V \tag{3-4}$$

式中 FC——固定成本;

VC——变动成本;

C_0——与交通量无关的固定成本,包括公路设施折旧

C_i、固定养护成本 C_{fm}、其他运营管理成本 C_p；

βV——交通量产生的变动成本。

边际成本 MC_s 表示增加单位数量的公路服务产生的公路企业成本增量,按式(3-5)计算。

$$MC_s = \partial TC_s / \partial V = \beta。 \qquad (3-5)$$

平均成本 AC_s 表示单位数量的公路服务产生的公路企业成本,按式(3-6)计算。

$$AC_s = TC_s / V = \beta + C_0 / V \qquad (3-6)$$

公路企业生产成本具有三个特点:

(1)公路服务生产的边际成本为单位车辆行驶产生的变动养护成本,数值上为一常数;而平均成本是边际成本与单位车辆分摊的与交通量无关的固定成本之和。

(2)随着交通量的增加,单位车辆分摊的固定成本降低,导致平均成本随着交通量的增加而递减。

(3)公路服务平均成本总是大于边际成本,具体如图 3-9、图 3-10 所示。经济学将这种现象称为生产的规模效应。

公路企业短期生产的规模效应决定公路企业生产的公路服务数量越多,单位服务分担的成本越少,因此从生产成本的角度看,交通量增加对公路企业生产是有利的。

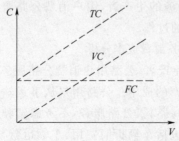

图 3-9　公路服务生产成本构成

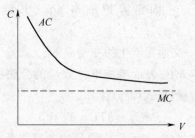

图 3-10　公路服务生产边际成本与平均成本

3.3.2　公路服务消费

1. 公路服务消费的基本概念

消费是用户支付价格购买并使用产品以满足其需求的活动。公路服务消费是公路用户购买并使用公路服务满足其行车需求的活动。车辆在公路上行驶过程是用户消费公路服务的过程,空间位移的实现是消费公路服务的结果。车辆行驶是公路服务消费的主要内容,车辆在公路上行驶一次就是发生一次公路消费;另外,用户行车过程中的车辆维修、加油、加水,司乘人员的休息、就餐、方便,货物的处理等活动是车辆行驶的外延消费活动。

公路服务是运输生产的投入要素,公路用户通过租用公路设施来实现其运输生产。公路用户既是公路服务的消费者,又是运输服务的生产者,用户消费公路服务的过程就是生产运输服务的过程。

2. 公路服务消费成本分析

作为运输生产者,公路用户消费公路服务的支出费用就是从事运输生产的成本。公路用户从事运输生产需投入车辆、驾驶员劳动、燃料、公路服务,不考虑驾驶员工资的情况下其生产成本包括车辆折旧费用、车辆运营与维护费用、保险支出与交通税费。对自有运输者而言,旅客或货物在途时间也应计入总成本当中。

车辆折旧成本包括车辆使用过程的磨损和由市场需求变化引起车辆价值的损失。假定车辆折旧随着年限和行驶量的增加而增加,按式(3-7)计算。

$$C_d(A,Y) = \beta_1 A + \beta_2 Y \qquad (3-7)$$

式中　$C_d(A,Y)$——车辆折旧成本函数;

　　　　A——车辆使用年限;

　　　　Y——行驶量;

　　　β_1,β_2——回归参数。

车辆运营与维护费用(C_p)包括汽/柴油消耗、润滑油消耗、维修费用与轮胎磨损费用,按式(3-8)计算。

$$C_p = (C_g + C_o + C_t)Y \qquad (3-8)$$

式中　C_g,C_o,C_t——单位行驶量消耗的燃油费用,润滑油费用,维修与轮胎磨损费用。

保险支出 C_{in} 包括火险、盗窃险、事故险等险种的支付费用。

交通税费包括车辆购置税、牌照税、道路通行费等,其中前两项以车辆为单位固定征收,与出行量无关,用 C_l 表示;道路通行费与行驶量相关,用 C_f 表示,按式(3-9)计算。

$$C_f = \beta_3 Y \qquad (3-9)$$

式中　β_3——单位行驶量所需交纳的道路通行费。

公路用户的消费成本函数表示的消费成本与行驶量之间的关系,按式(3-10)计算。

$$\begin{aligned}
TC_{UT}(Y) &= f(C_g, C_o, C_t, C_{in}, C_l, C_f, C_d(A,Y)) \\
&= (C_g + C_o + C_t)Y + C_{in} + C_l + C_f + C_d(A,Y) \\
&= (C_g + C_o + C_t + \beta_3 + \beta_2)Y + C_{UO} \qquad (3-10)
\end{aligned}$$

式中　C_{UO}——与行驶量无关的固定成本,包括车辆时间折旧费用、保险费用、固定交通税费。

生产成本中的保险成本从用户身上转移到保险公司、交通税费从公路用户转移到公路管理部门,统称为转移成本 T_U。

公路服务消费的边际成本 MC_{UT} 表示增加一次行驶产生的总消费成本的增量,按式(3-11)计算。

$$MC_{UT} = \partial TC_{UT}/\partial Y = C_g + C_o + C_t + \beta_3 + \beta_2$$
(3-11)

公路服务消费的平均成本 AC_{UT} 为单位出行产生的成本,按式(3-12)计算。

$$AC_{UT} = TC_{UT}/Y = C_g + C_o + C_t + \beta_3 + \beta_2 + C_{UO}/Y$$
(3-12)

公路用户的消费成本具有以下特点:

(1)公路用户消费公路服务的边际费用为单位行驶产生的车辆运营与维护费用、车辆行驶折旧、道路通行费之和,数值上是与行驶量无关的常数。

(2)平均费用是边际费用加上单位行驶分摊的与行驶量无关的固定费用。

(3)平均费用大于边际费用,而且平均费用随着行驶量的增加而递减。就公路消费成本而言,公路用户的消费具有规模效应。

另外,自有运输者的在途时间消耗也是消费成本的一项重要内容。根据交通流模型,车辆行驶速度由交通量和交通密度决定。出行时间可以分解为自由流状态下的非拥挤时间和拥挤时间两部分。根据美国《道路通行能力手册》(2000年),设计车速为 112 km/h 的高速公路路段,交通量为 Q_h 时车辆的总行驶时间 TC_T 可按式(3-13)计算。

$$TC_T = Q_h L/V_f + 0.32 Q_h (Q_h/Q_{h_0})^{10}$$
(3-13)

式中　L——路段长度;

　　　V_f——自由流状况下车流运行速度;

　　　Q_{h_0}——路段通行能力;

Q_h——路段交通量。

边际行驶时间 MC_T 按式(3-14)计算。

$$MC_T = \partial TC_T / \partial Q_h = L/V_f + 3.5(Q_h/Q_{h_0})^{10} \quad (3\text{-}14)$$

平均行驶时间 AC_T 按式(3-15)计算。

$$AC_T = TC_T / Q_h = L/V_f + 0.32(Q_h/Q_{h_0})^{10} \quad (3\text{-}15)$$

根据公式(3-14)和公式(3-15),车辆的边际行驶时间大于平均行驶时间,即路段增加一辆车引起所有车辆行驶时间的增量大于车辆的平均行驶时间。由于公路用户所能感知的出行时间是平均出行时间,因此新增车辆的用户感知的时间成本大于其产生的总时间成本增量,该规则说明公路用户消费的外部性,是拥挤收费等交通管理方法的理论基础。

考虑时间成本的情况下,自有运输企业的边际生产和成本平均成本分别按式(3-16)和式(3-17)计算。

$$MC_{UT} = \partial TC_{UT} / Y = C_g + C_o + C_t + \beta_3 + \beta_2 + p_t \times MC_T$$
$$(3\text{-}16)$$

$$AC_{UT} = TC_{UT} / Y = C_g + C_o + C_t + \beta_3 + \beta_2 + C_{UO}/Y + p_t \times AC_T \quad (3\text{-}17)$$

式中　p_t——单位车辆的时间价值。

3.3.3　公路服务均衡

公路服务需求是在一定的价格水平下,公路用户愿意而且能够消费的公路服务量。根据 3.3.2 节的研究结果可知,公路服务价格对公路服务需求量具有反向作用,公路服务需求曲线是一条向右下方倾斜的曲线。公路服务供给是一定的价格水平下,公路企业愿意而且能够提供的公路服务量。短期内,公路设施规模保持不变,公路企业能够提供的公路服务数量不能超过其通行能力;另外,公路设施除供车辆行驶外不能转作它用,也不能留给公路企业自用。因此,公路服务的供给与土地等稀缺资源供给类似,其供给曲线是一条与价格无关的垂直直线。

公路服务均衡指市场上公路服务需求与供给相等的状态,公路服务需求曲线 D 与供给曲线 S 的交点为供需均衡点。均衡点对应的公路服务价格 P_m 为均衡价格,经济学上称为公路服务的准租金。由于公路服务供给曲线为垂直直线,均衡的公路服务数量为公路通行能力 V_m,如图 3-11 所示。

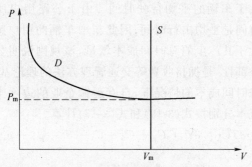

图 3-11 公路服务的需求与供给

3.4 公路服务质量本质探讨

3.4.1 服务质量定义

质量又称为"品质",是产品或服务好坏程度的度量。质量的概念随着社会经济的发展而不断深化。早期的"符合性质量"认为,质量并不意味着好、卓越,而是意味着产品对于规范或要求的符合程度。美国质量管理专家朱兰博士提出的"适用性质量"的概念,指出质量是产品或服务满足用户要求的程度。国际标准化组织总结不同质量的概念,提出质量是事物的一组固有特性满足要求的程度。

服务质量一般指商业、饮食业、服务业或其他公用事业等行业为顾客提供服务的好坏程度,包括服务态度、服务项目、供给方法、网点设置、手续制度、经营品种等方面。服务质量的研究开始于 20 世纪 70 年代后期。1982 年,芬兰营销学者格罗鲁斯(Gronroos)提出消费者感知服务质量的概念,认为服务质量是一种主观感知,是用户对服务质量的期望同实际感知服务质量之间比较的差距,并将服务质量分为技术质量和功能质量。1983 年,美国营销专家莱维斯(Levis)和布姆斯(Booms)提出服务质量是衡量企业服务水平能否满足顾客期望程度的工具。1990 年,国际标准化组织把服务质量定义为服务满足明确或隐含需求的能力的特性的总和。2000 年,国际标准化组织又将服务质量定义为服务的一组固有特性满足要求的程度。

根据评价主体的不同服务质量可分为客观质量和主观质量。客观质量以生产者为导向,是生产者对其提供的服务的度量;主观质量以用户为导向,是用户对其接受服务的度量,又称为用户感知质量。西方北欧学派和北美学派研究的服务质量大多指用户感知服务质量。

服务的无形性、差异性决定了服务质量具有不同于实物产品质量的主观性、过程性和整体性。服务质量一般缺乏有形的客观评价标准,而用户的主观感知是服务质量评价的重要依据。用户基于期望和感知绩效形成感知服务质量具有较强的主观性。用户的消费目的、经历和偏好的差异会导致同等水平的服务产生不同的感知服务质量。实物产品的质量是产出质量,用户对其质量形成过程无法评价,也无需评价。而服务生产和消费无法分离,用户直接参与到服务的生产和质量形成过程,不仅仅关注得到了什么服务,也关注怎么得到服务,在什么环境下得到服务。因此服务质量既包括技术质量(结果质量),又包括功能质量(过程质量)和环境质量。服务质量的形成,需要服务组织全体人员和设施的参与和协调。不仅与顾客直接接触的服务设施、服务人员的条件和活动关系服务质量、服务组织内部的管理和活动,服务环境的状况都和服务质量密切相关。服务活动、服务条件、服务环境共同构成服务质量。

3.4.2　公路服务质量

1. 公路服务质量定义

公路服务质量是对公路服务好坏、优劣的度量,是衡量公路服务是否满足用户需求,满足到什么程度的概念。根据服务质量和公路服务的概念,本书将公路服务质量定义为:公路服务的构成要素所含的特性满足用户和相关方需求的程度。公路服务质量的概念包含以下基本内涵:

(1)公路服务质量的构成要素

构成要素是公路服务质量的组成部分。公路服务是公路部门提供行车条件、行车环境和活动满足用户行车需求的过程和结果。对应公路服务的构成要素,公路服务质量由服务条件质量、服务环境质量和服务活动质量三个要素构成。

(2)公路服务质量的特性

特性是事物间可区分的特征,公路服务质量特性是公路服务质量可区分的特性。特性有固有特性和赋予特性之分,固有特性是事物与生来具的特性,而赋予特性是服务生产过程或服务结束后因具体要求增加的特性。比如,安全性是公路服务质量的固有特性,而与其他交通方式换乘便利性就是赋予特性。若无特殊说明,本书的公路服务质量特性指固有特性。

(3)公路用户和相关方需求

需求是用户和相关方对公路服务有支付能力的意愿。单个用户的行车需求是用户需求的基本内容,若干用户的需求组合在一起构成社会需求。需求包括"明示的"、"隐含的"和"必须履行的"三种类型,"明示的"的需求是以文件或公文的形式正式提出的明确的、规定的需求;"隐含的"需求指用户和其他相关方的惯例或不言而喻的需求或期望;"必须履行的"需求指法律、法规要求的强制性的标准,是社会将用户需求法律化。三种需求归根结底都是以满足用户行车为最终落脚点,因此公路服务质量实质上就是衡量公路服务满足用户需求的程度。

2. 公路服务质量形成过程

公路服务质量的产生、形成、实现是一个过程,借鉴全面质量管理的理念用质量环的概念表示各环节的顺序和相互关系。质量环把公路服务质量的全过程分为市场研究、服务设计、服务提供、绩效分析与改进四个阶段。

(1)公路服务市场研究主要解决提供什么样的公路服务,提供多少服务。市场研究过程通过对用户调查,了解用户需求、识别用户期望,然后从公路部门自身的资源条件出发,提出包含服务质量方针、目标等内容的服务提要。

(2)服务设计是在市场研究的基础上解决如何进行公路服务的问题。该阶段的主要任务是制定服务过程所需的服务规范、服务提供规范、服务质量控制规范,并对服务设施、服务环境、服务方式进行设计同时将其反映到规范中。

(3)服务提供是依据服务设计的规范向用户提供服务的过程。服务过程和服务结果需要进行提供者和用户评价。

(4)绩效分析与改进是在供方评价和用户评价的基础上分析服务绩效,并提出改进措施,然后反馈到市场研究、服务设计和服务提供过程,形成服务质量的循环系统。

3. 公路服务质量构成要素分析

车辆在公路上行驶需要公路设施、设备、服务人员、车辆、驾驶员的共同参与,各类要素的状况和水平决定了最终的服务质量。公路服务质量不仅指实现空间位移的结果质量,更是指服务的生产、提供过程质量以及服务的消费过程质量。所谓公路服务的生产就是公路部门提供公路设施、设备、行车环境以及运营管理活动来满足用户的行车需求。广义上讲，公路服务的生产包括前期的设施修建和后期运营管理，设施修建具体包括需求研究、规划、可行性研究、设计、施工，后期的运营管理具体包括设施的维修养护、路政管理、交通管理、收费管理、外延服务、交通监控和通信管理。其中，从市场需求研究到维修养护过程以设施的建设管理为中心，设施状况是这部分生产环节质量控制的主导因素。运营管理主要维护系统的可靠性、安全性，提高公路系统的运营效率。其中，运管组织水平是运营管理的质量控制因素。公路服务生产中的每一环节都直接或间接地影响公路服务质量。所谓公路服务的消费，就是用户通过公路系统实现空间位移的过程。公路服务消费质量体现在行驶质量上，具体包括交通流服务水平、交通安全状况、用户行车费用、行车舒适性、外部影响。按照过程质量的观点，公路设施质量、公路部门的运营管理组织水平、用户的行驶质量是公路服务质量的主要控制因素。

为突出公路主体设施的重要性，将公路设施分为公路主体设施、附属设施和路外环境。按照标准化的质量术语，将主体设施状况定义为公路服务条件，附属设施和路外环境状况定义为公路服务环境，运营管理活动组织水平和用户行驶质量定义为公路服务活动。这样公路服务质量就分解为公路服务条件质量、公路服务环境质量和公路服务活动质量三个要素，即：

$$SQ = f(Q_1, Q_2, Q_3) \tag{3-18}$$

式中　　SQ——公路服务质量；

Q_1, Q_2, Q_3——条件质量、环境质量、活动质量。

三个构成要素中条件质量、环境质量是公路服务质量形成的前馈控制手段，活动质量是公路服务质量形成的实质和

核心。具体来讲,公路服务条件质量是静态地从公路系统的
主体设施看,公路系统为用户提供的行车条件满足用户需求
和社会要求的程度。公路服务条件质量是服务质量形成的
前提和基础。公路主体设施提供车辆行驶空间和承载力,设
施质量和隐含要素决定公路系统的服务能力。其中,设施质
量体现在路面状况、路基状况、桥梁状况和隧道状况,设施隐
含要素包括公路线形状况和视距状况。公路服务环境质量
是静态地从公路附属设施和路外环境看,公路系统为用户提
供的行车环境满足用户需求和社会需求的程度。服务环境
质量是服务质量的重要组成部分。环境质量由附属设施状
况和路外环境状况构成。附属设施质量体现在安全设施状
况、收费设施状况、服务区设施状况、监控与通信设施状况,
路外环境状况体现在道路绿化状况和路外景观状况。公路
服务活动质量,动态地从公路部门的运营管理和用户的行车
活动看,公路系统为用户提供的运营管理活动和用户行驶质
量满足用户需求和社会需求的程度。公路服务活动质量是
服务质量的核心和保障。运营管理活动状况包括养护组织
状况、收费管理状况、交通管理状况、路政管理状况、监控、通
信管理状况。用户行驶质量体现在交通流状况、车辆运营成
本、行驶舒适性、交通事故发生率和外部影响上。

4. 公路服务质量特性

(1)公路服务质量特性剖析

公路服务质量概念的核心内容是符合用户的需求,而用
户需求的表达是感性的、模糊的,必须把用户的需求属性进
行剖析、分解,并用清晰的、理性的、技术的语言表达,形成公
路服务质量特性。对应公路用户的可达需求、安全需求、便
捷需求、经济需求和舒适需求,公路服务质量必须有与之相
应的质量特性,即可达性、安全性、便捷性、经济性和舒适性。

1)可达性

可达性又称为功能性,是公路系统保障车辆顺利行驶,实现人、车、物空间位移的特性。能够通过公路系统顺利地从出发地到达目的地是用户行车的最基本需求,因此可达性是公路服务质量最基本的、最低层次的特性,是公路服务质量的其他特性的前提和基础,没有可达性,其他特性都无从谈起。路网的可达性体现在通达深度上,而路线的可达性体现在系统的可靠性上。由于天气、自然灾害、交通事故或施工维修等原因造成公路系统关闭道路或者桥隧等构造物的情况下,公路系统服务能力和服务功能下降,无法保证车辆的正常行驶,该现象是公路服务可达性不佳的常见形式。公路部门应该采用先进的技术手段和管理措施,提高系统可靠性,保障公路服务的可达性。

2)安全性

安全性是保障用户在行车过程中生命不受到危害,健康和精神不受到伤害以及财产不受到损失的特性,是公路服务质量的基本特性之一。安全需求是用户行车的基本的、较低层次的需求,也是目前我国公路用户的主导需求,如果安全需求得不到保障,用户很难对服务感到满意。公路交通事故所造成的人员伤亡和经济损失在意外事故中占有很大的比例,是公认的最不安全的服务之一。

3)便捷性

便捷性是公路系统及时、省时、准时地提供公路服务,减少用户行车花费的时间的特性。能够快速、高效地行车,减少在途时间是用户的固有需求,因此便捷性是公路服务质量的基本特性。公路服务的根本目的是让用户能在需要的时间通过行车到达需要的地点,替旅客和货物创造空间价值和时间价值。采用交通管理措施和先进的交通系统,提高公路系统运营效率,提高车辆行驶速度是公路部门改善服务质量的基本目标。

4)经济性

经济性是减少用户行车费用支出的特性。在一定的效用水平的下,尽量降低行车费用支出是用户的固有需求,是决定用户满意度的重要因素,因此经济性是公路服务质量的基本特性。用户行车费用包括车辆折旧、油耗、轮胎磨损、时间成本,对于收费公路还包括交纳的通行费。而公路部门与用户之间的交易成本,通常以通行费的形式体现。合理的设置通行费,在公司收益与用户满意之间寻求最佳的平衡点是公路部门改善服务质量必须解决的问题。

5)舒适性

舒适性是反映行车过程用户心理舒适程度的特性。追求心理上的满足、个性化和自我尊重的实现是用户高层次的需求,是用户满意的体现。因此,舒适性是公路服务质量高层次的特性。车辆在行驶过程中需要加油、维修,司机和乘客需求就餐、休息、方便,货物需要必要的装卸处理。公路系统提供必要的服务设施和服务人员,及时地满足用户的上述需求,是公路服务人性化、舒适性的体现。另外,工作人员热情、友好的服务态度,优美、协调的行车环境,使用户精神愉悦的经历服务过程,是获得较高的满意程度的必要条件。因此,加强管理,树立以用户为本的服务理念,是提高行车舒适性,改善公路服务质量,提高用户满意度的有效途径。

(2)质量特性的替代性

公路用户的可达需求、安全需求、便捷需求、经济需求和舒适需求构成用户对公路服务的期望,而公路服务的可达性、安全性、便捷性、经济性和舒适性影响用户对公路服务的感知。用户消费所获得的效用是用户行车实际感知与期望比较的结果,是五个属性感知价值的综合体现。用无差异曲线表示用户获得相同满足程度的属性组合的点的轨迹,每一条无差异曲线代表用户的某一效用水平。理论上,五个属性构成五维空间无差异图形。为便于分析,把公路服务属性组合为两类：一类是反映"价廉"的经济性；另一类是反映"物美"的其他特性，包括可达性、安全性、便捷性和舒适性。这样将五维的无差异图形转化为二维的无差异曲线。

若将效用水平用表示用户满意程度的1～5的自然数度量，用户对公路服务属性的感知价值通过感知服务质量评价指标计算。在不考虑用户出行目的和社会经济背景差异的情况下，相同满意程度水平的属性分值组合的点的轨迹，就是属性的无差异曲线。如图3-12所示，每一条无差异曲线代表用户的效用水平。

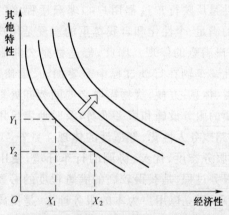

图3-12　公路服务质量特性无差异曲线

公路服务的无差异曲线具有三个基本特征：

1）无差异曲线离原点越远，代表的效用水平和满意程度越高。假定效用函数连续，图3-12中任两条无差异曲线之间有无数条无差异曲线。理性的用户总是追求最高的效用水平。

2）无差异曲线不会相交。

3）无差异曲线形状凸向原点，向下方倾斜。在同一效用水平下，特性之间能够相互替代。

在同一条无差异曲线上，用户可以用经济性代替其他特性;或者用其他特性代替经济性。换句话说,同一效用水平下,用户想节省行车成本,必须以减少可达性、安全性、舒适性、便捷性为代价;反之,用户想行驶更安全、便捷、舒适,就必须支付更多的行车成本。特性间的替代关系在数量上可以用边际替代率(MRS)表示,经济性对其他特性的边际替代率表示用户获得额外 $OX_2 - OX_1$ 单位的经济性,放弃了 $OY_2 - OY_1$ 单位的其他特性,见式(3-19)。

$$MRS = -(OY_2 - OY_1)/(OX_2 - OX_1) = -\Delta Y/\Delta X$$

(3-19)

属性变化趋于无穷小的情况下,边际替代率为无差异曲线斜率的绝对值,见式(3-20)。

$$MRS = -dY/dX \qquad (3-20)$$

根据无差异曲线形状,公路服务特性的边际替代率具有递减规律,即维持效用水平不变的情况下,随着经济性的连续增加,用户为增加单位经济性所需放弃的其他特性数量递减。边际替代率递减根源于需求的"未满足"规律,未满足属性越高,用户想要获得的愿望越强烈。当安全性很低时,用户获得更高安全性的愿望非常强烈,非常愿意用较多的经济性换取安全性;随着安全性的提高,用户想要获得更高的安全性的愿望就会减少,与此同时,经济性降低后,用户对获得更高经济性的愿意逐渐上升,愿望的此消彼涨导致安全性对经济性的替代率下降。公路服务属性的无差异曲线给公路管理者一个基本启示:改进公路服务质量、提高用户满意度有很多途径,其中最有效的方式是集中力量满足用户"愿望"最强烈的需求,同时也不能片面不加限制地追求某方面特性。

第4章 高速公路服务质量系统分析

4.1 高速公路服务质量分析

高速公路是一个复杂的系统,它是由多种因素在相互作用、相互制约下形成的一个复杂综合体。现代化公路交通要求在保证安全的前提下,尽可能地提高交通运输效率,降低运输成本和能源消耗,并为客、货运输提供更加方便和更加舒适的条件,而且要最大限度地减少对环境造成的损害。也就是说,高速公路应该提供最优的服务质量,最大限度的发挥其道路交通功能——快速、安全、畅通、舒适、方便。为了对高速公路服务质量进行科学、合理地评价,就必须对影响高速公路系统服务质量的各种因素有全面的了解,并进行系统分析。

4.1.1 高速公路服务质量概述

当前,由于交通组织和管理缺乏科学、有效的手段,随着路段交通量的不断上升,某些地区高速公路交通拥堵状况越趋严重,特别是在交通高峰时段车辆无法顺畅行驶,延误比较严重。另外,由于天气、交通事故和维修等原因致使高速公路时常关闭车道,使得车辆无法通行;路面老化、病害严重,影响了行驶的安全性和舒适性;服务区设置不当,设施管理不善,给顾客的休息造成不便等。前述情况表明,高速公路服务质量常常无法满足顾客的正常需求,而高速公路用户也对其接受的不良服务提出了种种抱怨和质疑,个别地方甚至出现了法律诉讼的案例。如果不从观念上树立服务的意识,认清高速公路服务的本质,不采取适当的手段改善和提高服务质量,不仅直接影响高速公路企业的经营状况,也将给整个行业的发展造成严重的影响。

高速公路服务是服务理论应用于高速公路运输领域的特殊概念。根据国内外关于服务的一般性定义和公路运输自身的特点,高速公路服务是高速公路使用者在完成空间位移过程中,由高速公路系统提供的满足高速公路使用者运输需求的活动。

(1)高速公路服务概念的内涵包括以下几点。

1)高速公路服务的主体,即服务的提供者是高速公路系统,是由高速公路基础设施及附属设施、高速公路运营管理系统和高速公路服务环境三部分构成。高速公路服务的客体,即服务的顾客包括人(驾驶员和乘客)、车辆、货物。

2)服务目的是为了满足旅客和货物的运输需求。运输需求是旅客和货物通过适当的交通工具,实现空间位移的愿意支付。根据心理学家的需求层次理论,人的需求具有层次性,由低至高包括五个层次:生理需求—安全需求—社交需求—尊重需求—自我实现的需求。运输需求同人的需求一样,同样具有层次性。空间位移的实现是最基本的需求,在此基础上,还有更高层次的需求,比如安全、可靠、便利、快速、舒适,具有多种选择、人性化和个性化等方面的需求。归纳起来,高速公路顾客的运输需求包括可达性需求、安全需求、快捷性需求、经济性需求、便利性需求和舒适性需求。

3)高速公路服务的内容包括行车服务和附带服务。行车服务是主要服务,是满足旅客、货物运输需求,实现空间位移的活动。附带服务是行车服务过程中满足车辆、人员和货物派生需求的活动,包括车辆维修、加油,人员的休息,货物的装卸处理等活动。

4)高速公路服务本质上是一系列活动。活动包括系统与顾客接触的活动和系统内部的活动。系统与顾客的接触活动是服务的真实瞬间,是顾客感知服务质量的关键;系统内部活动是指系统内部的经营活动,是系统提供服务所必须的供方活动,包括交通流的组织与管理、公路设施的养护管理、工作人员的培训、教育、管理目标的制定等。服务活动不仅仅包括最终结果,还包括提供服务的过程。结果是过程的体现,过程是结果的依据。

5)高速公路系统作为服务提供方,为满足顾客的运输需求,提供服务条件、服务环境和服务活动。服务条件、服务环境和服务活动是高速公路服务的三个基本构成要素。

(2)高速公路服务同有形产品相比,看不见、摸不到,很难直观、准确地描述,它具有服务的一般性特点。

1)无形性:服务的性质和组成要素无形无质,让人无法触摸。服务之前顾客对服务的期望难以准确描述,接受服务之后顾客感知到的收益难以量化,对服务质量很难给出全面、客观的评价。

2)差异性:服务的构成和质量水平经常变化,服务因提供者的不同和提供时间、空间的变化而出现差异,另外,受顾客社会经济背景、经历、偏好的影响,顾客感知的服务质量存在相当的差异性。

3)不可分割性:服务作为一系列的活动,其生产和消费过程同时进行,在时间和空间上无法分离,服务提供者提供服务的过程和顾客接受服务的过程同时进行,顾客必须加入到服务的生产过程中才能最终消费到服务。

4)不可储存性:服务不能像有形商品那样,通过提供存货满足消费者需求。服务提供者只能在顾客提出需求的时候通过"即时"生产,提供服务,不可能存在超量生产留作存货的可能。

(3)高速公路服务除具有服务的一般性特点外,还具有一些与运输特性相关的特点。

1)准公共性:高速公路服务是一种准公共服务。系统为通道内的所有车辆和人员服务,一般情况下高速公路服务不具有竞争性,不会因为某顾客消费了公路服务而导致其他人无法消费该服务;但同时,高速公路运营过程中通过向顾客征收通行费具有排他性,因此高速公路服务是准公共服务。

2)拥挤性:高速公路服务生产过程中需要设施、车辆、人员共同参与,其中高速公路基础设施的修建成本大、周期长,设施的服务能力短期内保持不变,因此短期内,当系统提供的服务接近其服务能力时,服务质量将明显下降,顾客消费服务的过程会对其他顾客产生影响,使服务具有一定的竞争性,经济学将这种现象称之为拥挤性。各国的通行能力手册中将道路服务水平按照交通流密度分级,体现了公路服务拥挤性的特点。

3)高接触性:根据美国亚利桑那大学理查德(Rechard B. Chase)教授服务分类法的观点,高速公路服务属于高接触性服务,顾客在高速公路服务提供的过程中需要参加全部或大部分活动,高速公路服务消费过程和生产过程完全重叠。

4)劳动密集程度低、定制性程度低:美国服务营销专家罗杰·施末诺(Roger W. Schmermer)根据劳动密集程度和交互定制程度将服务分为四种类型。高速公路服务员工的劳务活动少,劳动力成本与资本成本相比只占很小的部分,劳动密集程度很低。因此,高速公路服务位于服务矩阵的第二象限,属于劳动密集程度低、交互定制性程度低的服务,其服务类似于服务工厂,是一种标准化服务,一般不针对顾客的具体情况和具体要求提供个性化的服务。

根据高速公路服务的特点,高速公路作为一个系统,包含了道路系统、车辆系统、机电系统、安全保障系统、管理系统、环境子系统等。参照国内外服务质量的定义,高速公路服务质量是高速公路的使用者在高速公路系统中可能得到的服务程度,如可以提供的行车速度、舒适、方便、经济、安全等方面功能得到的实际效果。

(4)提高高速公路服务质量的意义。

随着我国高速公路的建设步伐的加快,高速公路通车里程将日益增多;高速公路之间以及高速公路运输与其他运输方式之间的竞争日益激烈。因此,加强高速公路服务质量管理,提高服务质量是高速公路管理工作的当务之急,是建立和完善高速公路服务质量管理的重要前提和基础工作,具有重要意义。其意义具体表现在以下几个方面:

1)有利于高速公路标准化、规范化管理。

2)有利于先进的、科学的管理方法和管理手段在高速公路管理中应用,实现高速公路管理现代化。

3)有利于促进高速公路服务设施的完善及其现代化程度的提高。

4)有利于促进高速公路功能的充分发挥。

5)有利于充分体现高速公路运输的优越性,促进高速公路运输现代化及综合运输现代化的实现。

6)有利于国家宏观管理部门对各条高速公路的服务质量进行考核划分等级,为高速公路系统最终全面实现以质论价、优质优价、公平竞争提供前提条件。

(5)高速公路服务质量由服务条件质量、服务环境质量和服务活动质量三个环节构成。

高速公路服务条件质量是指高速公路系统为顾客提供的行车条件和自身因素满足顾客需求的程度。高速公路系统的服务设施直接提供顾客使用,服务人员与顾客直接接触,设施和人员的服务能力是决定服务质量的先决条件,是服务质量形成的基础;服务环境是指系统为顾客提供的行车环境和外在因素满足需求的程度,是服务质量形成的重要组成部分。服务活动质量,是指从系统为顾客提供的交通流状态、收费、运营管理和附带服务等活动角度出发,高速公路系统满足顾客需求的程度。服务活动是服务的过程,也是服务的结果,是服务的目的和本质,因此服务活动的质量是服务质量的核心。

服务质量的特性是服务质量固有的、相互之间可区分的特征,对应于高速公路服务的顾客需求,高速公路服务质量的特性包括可达性、安全性、快捷性、经济性、便利性、舒适性。可达性是系统保证高速公路服务功能实现的特性,是车辆、人员和货物对服务的基本要求,是其他特性的基础;安全性是保证顾客在接受高速公路服务的过程中其生命不受到危害,健康和精神不受到伤害以及财产不受到损失的能力,是服务质量的一项基本特性;快捷性是服务快速、高效的满足顾客对时间上的要求的特性,是高速公路服务质量的最重要特性;经济性是顾客接受公路服务所花费费用的合理性,是高速公路服务质量的基本特性;便利性是顾客接受加油、车辆维修、人员休息等派生服务的方便程度的特性;舒适性反映服务过程的舒适度,使满足顾客较高层次需求的特性。高速公路服务质量是由上述特性构成的总和。

高速公路服务的无形性、生产和消费不可分割性决定服务质量具有不同于产品质量的主观性、过程性和整体性。主观性指顾客对服务质量的评价,主要来源于顾客的主观期望和感知。相同水平的服务,可能由于顾客期望的差异而形成截然不同的服务质量。由于服务的无形性,服务质量缺乏有形的客观的评价标准,因此主观标准成了评价的重要标准。过程性是指服务的生产和消费无法分离,顾客直接参与到服务的生产和消费无法分离,顾客直接参与到服务的生产和质量形成过程当中,顾客不仅仅关注到了什么服务,也关注怎么得到服务,在什么环境下得到服务,因此服务质量既包括技术质量,又包括功能质量、环境质量和社会质量。整体性是指服务质量的形成,需要服务组织全体人员和设施的参与和协调,服务质量由服务活动质量、服务条件质量、服务环境质量共同构成。

4.1.2 高速公路服务质量评价的难点

提高服务质量必须首先建立科学的评价体系,对服务质量给出合理、公正的评价,才能认清问题之所在,为提升管理水平、改善服务质量提供依据。

根据评价主体的不同,服务质量评价可以分为内部评价和外部评价,内部评价是从行业主管部门或运营单位的角度对其提供的服务质量进行评价;外部评价是从顾客的角度,以顾客对其接受服务的感知或满意度作为评价依据。高速公路服务作为一种服务,其目的是满足顾客的运输需求,因此顾客的感知质量或满意度是评价其质量的基本工具。但是,高速公路服务的生产过程以设施投入为主,劳动密集程度相对较低,设施和环境对服务质量具有决定性的影响,而顾客对有形设施的评价受其认知能力和主观心理的影响,往往缺乏客观性、公正性,因此高速公路服务质量的评价应该以行业部门的内部评价为主,对其设施、环境、管理等系统进行详细分析,划分等级。

由于高速公路服务质量由服务条件质量、服务环境质量和服务活动质量三个环节共同构成,而这些服务质量是由道路状况、交通运行条件、管理系统、信息服务、人文服务、安全保障系统和交通环境等因素来决定的。在对高速公路服务系统进行质量评价时,道路状况、交通运行条件等指标较易定量化,而管理系统、人文服务等指标不易量化,有较大的主观性,增加了评价的难度。同时,这些指标的重要程度也是不一样的,如何确定其权重,并选用合适的评价方法,也是需要解决的现实问题。

4.2　高速公路服务质量与价值的关系

4.2.1　用户和价值

1. 高速公路用户价值

马克思主义哲学认为价值是商品的基本属性,是凝结在商品中无差别的社会必要劳动时间。管理学认为物品对人的价值在于满足人的需求,即物品的有用性;价值观是人对物品价值的看法或态度。服务领域中的用户价值主要指用户的价值观,其研究可以追溯到 20 世纪 80 年代。1988 年,美国营销学者泽斯曼尔(Zeithamal)提出价值是用户根据自己所获得的和所付出的感知即基于感知对产品或服务效用的总体评价。1990 年,美国营销学家摩罗伊(Monroe)认为商品购买者的价值感知体现了其对知质量或感知利益与支付而产生的感知付出之间权衡与比较。1993 年,美国西北大学科隆管理学院吉姆斯·安德森(Jams C. Anderson)提出价值是用户对于产品的一种相对于购买价格而言的感知效用,这种效用体现在经济、技术、服务或社会效益等诸多方面。1996 年,美国营销学者巴茨(Butz)和古德斯坦(Goodstein)认为用户价值是顾客在使用商品并获得价值增值后产生的一种顾客与供应商之间的情感连接。1997 年,美国田纳西大学伍德鲁夫教授(Woodroof)认为用户价值是用户对产品属性以及使用结果的感知偏好与评价。

借鉴市场营销领域的定义,高速公路服务的用户价值指高速公路用户根据消费公路服务所获取的收益与支付的费用之间的比较而形成的对公路服务的总体感知效用。高速公路服务用户价值包含三条内涵:

(1)用户价值是用户对高速公路服务的感知效用,产生于用户的判断、态度、评价。

(2)用户价值与高速公路服务质量紧密联系。

(3)用户价值是用户消费高速公路服务所获得的收益与消费所支付的费用之间比较的结果。

高速公路用户价值可用式(4-1)表示。

$$V_C = R_C / C \tag{4-1}$$

式中　V_C——用户价值；

　　　R_C——用户感知收益：

　　　C——用户消费费用。

高速公路用户价值是公路运营单位流向用户的价值量，是相对费用的感知效用。感知效用本质上是用户消费高速公路服务所感受到的满足程度，属于主观感觉范畴。感知效用来源于高速公路服务价值、人际价值和信誉价值。高速公路服务价值指服务本身的价值，包括核心产品、形式产品和扩展服务；人际价值是用户与运营单位员工交往过程产生的收获与价值，包括观念价值、情感价值、态度价值、行为价值；信誉价值是用户与运营单位交往过程产生的对运营单位及其产品、服务的信任依赖的价值。费用包括货币成本、时间成本、信息成本和风险成本。货币成本是用户为高速公路服务所付出的货币，包括通行费、车辆运营成本；时间成本是用户投入的时间和精力；信息成本包括信息本身的成本、信息搜索成本、信息检索成本；风险成本是用户为降低风险购买保险而产生的成本。

高速公路用户的价值必须针对具体的价值目标，自有运输者以满足自身运输需求为目的，其价值体现在自身效用的满足上；受雇运输者以满足他人运输需求，实现利润最大化为目的，其价值体现在利润或收益上。

2. 高速公路运营单位价值

运营单位的价值在于提供商品或服务满足消费者和社

会的需求。高速公路运营单位的价值指高速公路运营单位
通过提供公路服务满足用户需求,并获取利润或效益,是用
户流向公路运营单位的价值量。高速公路运营单位价值体
现在三个方面:①高速公路服务价值,体现在通过服务获得
的利润或营业额上;②资产价值,体现在运营单位的净资产
上;③产权价值,高速公路服务价值是高速公路运营单位价
值的核心和基础,本书仅讨论高速公路服务价值。运营单位
的价值观是运营单位对其提供的商品的看法或评价,是运营
单位自身的价值取向,价值目标是运营单位价值观的核心。
高速公路运营单位的价值目标可以归结为利润最大化或社
会效益最大化。不同性质的高速公路运营单位具有不同的
价值诉求,收费经营公路公司以追求利润为目的,利润最大
化是其价值目标;提供公共属性较强的政府投资高速公路的
公路管理部门以社会效益为目的,社会效益最大化是其价值
目标。

对于收费高速公路运营单位而言,运营单位价值是通过
提供公路服务获取收益和利润。其收益来源包括通行费、服
务区经营收益、沿线开发经营收益。其中通行费是收益的最
主要的来源,运营单位收益 TR 与公路服务数量(交通量)之
间的关系按下式计算。

$$TR = PV \tag{4-2}$$

式中　P——高速公路服务价格,即单位车辆行驶单位里程
　　　　　所需缴纳的费用;

　　　V——高速公路服务数量,以车公里计。

公路企业的边际收益 MR 是新增单位公路服务产出带
来的企业收益,按式(4-3)计算。

$$MR = \partial TR / \partial V \tag{4-3}$$

公路企业的平均收益 AR 是单位公路服务所产生的企业
收益,按式(4-4)计算。

$$AR = TR/V = P \tag{4-4}$$

我国的公路通行费通常由物价部门制定,短期内一般不作调整。因此,公路服务价格 P 在短期内为常数,在这种情况下公路企业的边际收益、平均收益与公路服务价格相等,如图 4-1(a)所示。

如果通行费能根据市场供需自行调节的话,公路服务价格 P 是公路服务数量 V 的函数,那么公路企业的边际收益 MR 按式(4-5)计算。

$$MR = \partial TR/\partial V = P + P'(V)V \tag{4-5}$$

式中　$P'(V)$——高速公路服务价格对高速公路服务数量的导数。

市场均衡条件下,公路服务数量等于公路服务需求量,而公路服务需求量与公路服务价格呈反方向变动关系,价格对需求量的导数为负数,那么式(4-5)中第二项必然为负数,使得边际收益小于公路服务价格和平均收益,边际收益曲线位于平均收益曲线的下方,如图 4-1(b)所示。

公路企业利润 TP 是收益与生产成本(TC)之间的差额,按式(4-6)计算。

$$TP = TR - TC \tag{4-6}$$

企业利润最大化的充分必要条件是:

$$\begin{cases} \mathrm{d}TP/\mathrm{d}V = 0 \\ \mathrm{d}^2 TP/\mathrm{d}V^2 < 0 \end{cases}$$

即

$$\begin{cases} MR = MC \\ MR' \end{cases}$$

(1)公路服务价格 P 为常数的情况下:边际收益等于平均收益,$MR = AR = P$;边际成本小于平均成本,$MC < AC$。

1)若 $P \leqslant MC$,则 $MR = P \leqslant MC$,$AR = P \leqslant MC < AC$,$TR < TC$,企业始终处于亏损状态,见图 4-2(b)中边际收益曲线 $MR_1 = AR_1 = P$ 位于边际成本曲线的下方,导致企业的

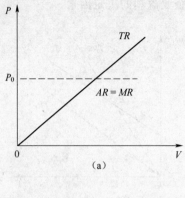

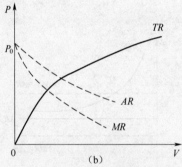

图 4-1　高速公路企业受益曲线

平均收益低于平均成本,使得图 4-2(a)中总收益曲线 TR_1 始终位于总成本曲线的下方,即企业总收益小于总成本,企业亏损。

2)若 $P > MC$,边际收益曲线 MR_2 位于边际成本曲线 MC 的上方[图 4-2(b)],与平均成本曲线相交于点 E,该点的公路服务量为 V_0,$AR = P = AC(V_0)$;该点对应的总成本 $TC(V_0)$ 与总收益 $TR_2(V_0)$ 相等,为公路企业的损益平衡点。该点左侧,$AR < AC$,$TR < TC$ 企业亏损;该点右侧,$AR > AC$,$TR > TC$ 企业盈利,如图 4-2 所示。

按上述分析可知,政府管制公路服务价格的情况下,公路通行费率是企业盈利的决定因素。

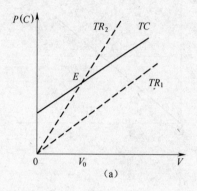

(a)

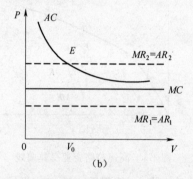

(b)

图 4-2 价格管制下公路企业收益与成本示意

(2)公路服务价格由市场供需决定的情况下:边际收益小于平均收益,$MR<AR=P$,边际收益曲线位于平均收益曲线的下方,而平均收益曲线与需求曲线重合;边际成本小于平均成本,$MC<AC$。边际成本曲线与边际收益曲线相交于点 E 为企业利润最大化点。该点对应的公路服务价格(平均收益)为 P_1,平均成本为 P_2。

1)在公路服务需求低迷的情况下,需求曲线位于平均成本曲线的下方,$P_1<P_2$,企业始终处于亏损状态,但边际均

衡点 E 是企业亏损最小点,如图 4-3(a)所示。

　　2)需求不旺的情况下,平均成本曲线与需求曲线相切,切点对应的公路服务产量正好是边际成本与边际收益相等时对应的均衡产量,该点是企业盈亏平衡点,如图 4-3(b)所示。

　　3)需求旺盛的情况下,平均成本曲线与需求曲线相交,均衡点对应的 $P_1 > P_2$,企业盈利最大;如图 4-3(c)所示。

　　按上述分析可知,在价格放松管制的情况下,需求是公路企业是否盈利的关键。

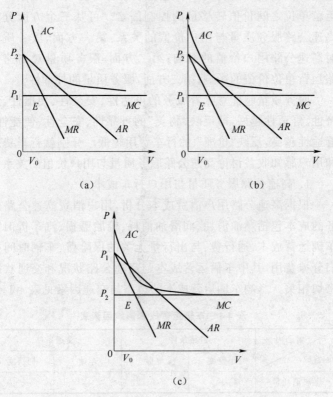

图 4-3　价格放松下公路企业收益与成本示意

综上可知,政府管制高速公路服务价格的情况下,高速公路通行费率是运营单位盈利的决定因素。在价格放松管制的情况下,交通需求是高速公路运营单位是否盈利的关键。

4.2.2　高速公路服务质量与用户价值

高速公路服务是高速公路运营单位与高速公路用户之间相互作用、相互联系的纽带,是运营单位和用户之间价值转移的载体。高速公路服务质量影响用户的感知价值,并通过用户消费行为的转变影响运营单位的经营绩效,是用户和运营单位之间价值转移量的控制因素。可从三个方面分析高速公路服务质量与用户价值的关系:第一方面,服务质量对高速公路用户价值的影响;第二方面,服务质量对高速公路运营单位价值的影响;第三方面,服务质量的外部性。

服务质量越优意味着服务的可达性、安全性、便捷性、经济性、舒适性越好,即反映"物美"的可靠性、安全性、便捷性、舒适性越高,反映"价廉"的行车费用越低。分别就行车费用和用户感知收益讨论高速公路服务质量与用户价值的关系。

1. 高速公路服务质量与用户行车成本

根据高速公路用户消费成本分析,用户消费高速公路服务的成本包括燃油消耗、润滑油消耗、轮胎磨损、汽车折旧等车辆运营成本、通行费、与出行量无关的保险费、车辆时间折旧分摊费用,其中车辆运营成本与高速公路状况和交通状况密切相关。影响车辆运营成本的道路与交通因素见表 4-1。

表 4-1　车辆运营成本影响因素表

影响因素　　　运营成本	道路条件		交通条件	
	平整度	地形	车速	拥挤度
燃油消耗量	√	√	√	√

续上表

影响因素　运营成本	道路条件		交通条件	
	平整度	地形	车速	拥挤度
机油消耗量	√		√	
轮胎消耗	√		√	√
保养与车辆折旧	√		√	

　　世界银行曾以坡度为 1.5％、国际平整度指数 IRI 为 2.0 的直线道路上，车辆在自由流状 50 km/h 的速度行驶为标准条件，对小型客车、大型客车、中型货车、大型货车四种车型在不同的道路和交通条件下车辆运营成本的调整系数进行过研究，表 4-2、表 4-3 列出了小型客车的车辆运营成本调整系数。

表 4-2　小型客车车辆运营成本道路因素调整系数

影响因素　运营成本	道　路　条　件	
	平整度	地形
燃油消耗量	$0.979+0.010\,4IRI$	$0.958\,6\times e^{0.027G}$
机油消耗量	$0.804+0.079\,8IRI$	
轮胎磨损	$0.751+0.124\,7IRI$	
车辆行驶折旧	$0.702\times e^{0.177\,9IRI}$	

注：表中 IRI 为国际平整度指数，G 为纵坡坡度。

表 4-3　小型客车车辆运营成本交通因素调整系数

影响因素　运营成本	交　通　条　件	
	车速	拥挤度
燃油消耗量	$0.291+24.26/V_s+0.000\,087\,V_s^2$	$1+0.14V/C$
机油消耗量	$0.997+0.047\,1/V_s+0.000\,000\,3\,V_s^2$	
轮胎磨损	$0.869\,9\,V_s^{0.035\,64}$	$1+0.51V/C$
车辆行驶折旧	$0.621\,5+18.92/V_s$	

注：表中 V_s 为车辆运行速度，V/C 为拥挤度。

　　根据表 4-2 可知,路面平整程度对燃油消耗、机油消耗、轮胎磨损、车辆行驶折旧具有负向作用,坡度对燃油消耗具有正向作用。因此,高速公路运营单位通过提高路面平整度、降低纵坡坡度可以减少车辆运营成本。

　　根据表 4-3 可知,车速对车辆折旧具有负向作用,在速度不高的情况下,车速对燃油消耗和机油消耗也具有负向作用;拥挤度对燃油消耗和轮胎磨损具有正向作用。因此,高速公路运营单位通过交通管理提高车辆行驶速度,减少交通拥挤度可以减少车辆运营成本。另外,道路线形、路面抗滑性、拥挤度等因素与交通事故之间、拥挤度与行驶时间之间具有很强的相关性。

　　根据上述分析,高速公路服务质量与车辆运营成本之间密切相关。高速公路运营单位通过改善服务质量、提高服务水平能够有效降低用户的行车成本。

　　2. 服务质量与用户感知收益

　　用户感知收益是用户从消费公路服务中感受到的收获,属于主观感觉范畴,可以通过用户满意度衡量。用户满意度越高,代表的感知收益越大。根据服务领域用户满意度研究结果,服务质量对用户满意度具有正向作用。根据高速公路服务感知质量与用户满意度之间的路径系数,可以认为高速公路服务对用户感知收益具有正向作用。高速公路运营单位通过改善服务质量能够提高高速公路用户的感知收益。

　　3. 服务质量与用户价值

　　用户价值是用户感知收益与支付费用相比而获得的感知效用。高速公路服务质量对用户行车成本具有负向作用,对用户感知收益具有正向作用,高速公路服务质量必然对用户价值具有正向作用,即服务质量越优,用户价值越大。因此,高速公路运营单位改善服务质量必将引起公路用户价值的增加。

4.2.3 高速公路服务质量与运营单位价值

1. 垄断生产的误区

高速公路服务的垄断性容易产生服务质量误区：垄断性决定高速公路用户即使对服务质量不满意，但因无"其他的路"可走，不得不维持较高的使用率，因此运营单位的收益不受服务质量的影响，高速公路运营单位没有必要投入过多精力关注服务质量。持该观点的只注意到高速公路服务的垄断性和高转移成本，而没有认识到用户忠诚的本质。用户忠诚包括情感忠诚和行为忠诚，情感忠诚是用户态度上对高速公路服务的喜爱和偏好，行为忠诚是用户对高速公路服务的反复消费。服务质量差的高速公路服务容易形成虚假忠诚，即用户态度上不喜欢服务，但行为上却反复使用。但是，虚假忠诚不是一种真实的忠诚。一旦通道内修建平行道路或开通其他运输方式打破高速公路服务的垄断性，使得用户转移成本降低，用户与高速公路运营单位之间的虚假忠诚将迅速宣告破灭，导致用户的流失和收益下降。另外，高速公路服务是连系社会生产活动的重要纽带，是整个国民经济正常运转的支撑。无论是从高速公路运营单位的经营考虑，还是从宏观层面的国民经济考虑，提供优质的服务是高速公路行业实现长期盈利和持续发展的必要条件。

2. 高速公路服务质量与运营单位价值的关系机理

按照市场营销的观点，维持较高的用户忠诚度是运营单位持续盈利的关键。高速公路运营单位要维持较高的市场占有率，获取长期利润，必须不断改善服务质量、提高顾客满意度。高速公路运营单位的价值核心是通过提供高速公路服务获取利润和效益。车辆通行费是高速公路运营单位获得收益的主要来源。短期内，单位车辆行驶的通行费为常数，运营单位收益的增量由交通量决定。高速公路服务需求来源于运输需求,而运输需求受运输价格和运输服务质量影响。改善高速公路服务质量能提高运输服务质量,刺激高速公路运输需求增长,进而诱导高速公路服务需求的增长。同时,改善高速公路服务质量,降低运输单位的运输成本,引起运输供给的增加。

如图 4-4 所示,某条高速公路的运营单位与运输用户构成运输市场,运输用户的需求曲线 D_1,公路运营单位的供给曲线 S_1,供需均衡点 E_1,对应的均衡点交通量为 V_1。高速公路运营单位改善服务质量,一方面诱发公路运输需求,使需求曲线从 D_1 向右移动到 D_2;另一方面降低运输成本,使供给曲线向右移动到 S_2,市场产生新的供需均衡点 E_2,对应的交通量为 V_2。单位车辆行驶的通行费 P 为常数的情况下,高速公路运营单位收益增量为图中阴影部分的面积。

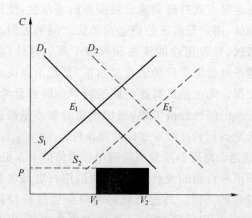

图 4-4　高速公路运营管理单位盈利示意

由此可知,服务质量对高速公路运营单位价值具有正向作用,高速公路运营单位改善服务质量将引起路段交通量和收益的增长。

4.2.4　高速公路服务质量与外部性

外部性是经济单元的活动给其他社会成员带来的没有补偿或支付的影响,包括外部不经济和外部经济。按照行为主体的不同,外部性分为生产外部性和消费外部性。经济单元的行为给他人带来的不能得到报酬的利益时,即个人收益小于社会收益的情况下产生外部经济。经济单位的行为给他人带来的不能支付的成本,即个人成本小于社会成本的情况下产生外部不经济。

高速公路服务的外部性可分为系统内部外部性和社会外部性,系统内部外部性指高速公路运营单位的行为对其他公路运营单位没有补偿或支付的影响,比如某高速公路运营单位改善服务质量导致其他公路运营管理单位收益的变化,就是系统内部的生产外部性;拥挤道路上的车辆对其他车辆行驶的影响,就是系统内部的消费外部性。社会外部性是高速公路运营单位的行为对系统外其他社会经济单元的没有补偿的影响。高速公路服务的社会外部性体现在三个方面:

(1)高速公路设施的投资效应

建造高速公路设施是公路服务生产的基本生产活动。设施的规划、设计、修建、养护维修投入相应的原材料、资金、劳动力,能够带动相关产业发展,创造就业岗位。根据英国经济学家凯恩斯的宏观经济理论,基础设施投资具有乘数效应,即单位数量的投入将创造数倍的国民收入。在社会经济需求低靡、经济发展停滞的情况下,高速公路设施投资能有效地引起社会总需求的增加,拉动经济增长,创造就业岗位。

(2)高速公路服务的运营效应

高速公路服务具有很强的外部效应和公益性,是其他产业生产过程和消费过程在流通领域的延续。改善高速公路服务质量,能降低社会运输成本、减少交通事故、缩短旅客和货物在途时间,增加运输用户的剩余价值,进而提高运营单位的生产效率、拓展运营单位市场范围,改善地区投资环境,推动地区经济增长和社会发展。

(3)高速公路服务的外部不经济

高速公路设施建设和运营影响地区生态环境,车辆行驶产生噪声、废气和振动,影响路侧居民的生活环境质量。其中,噪声损伤人的听力,干扰睡眠,诱发头昏脑胀、失眠、心率改变、血压升高、消化紊乱等疾病。发动机、传动系统、轮胎与地面的磨擦、汽车喇叭是道路交通噪声的主要来源。研究发现,公路路面平整、道路纵坡坡度是影响道路交通噪声的重要因素。尾气排放是大气污染的重要来源,废气中危害最大的是 CO、碳氢化合物、氮氧化合物(NO_x)以及二次衍生物光化学烟雾,汽车废气排放与汽车行驶状态有关,汽车匀速行驶时,CO 和碳氢化合物的排放量较低,加减速行驶和怠速时,CO 和碳氢化合物的排放量均较高。在一定速度条件下,车速越高,燃料燃烧越充分,CO 和碳氢化合物的排放量越低。

根据上述分析,高速公路服务质量影响公路运营的外部性。高速公路运营单位通过提高路面平整度、改善公路线形、缓解交通拥挤度可以降低车辆行驶噪声、减少尾气排放量,减少高速公路服务的外部不经济。同时,改善高速公路服务质量,能提高高速公路所在地区的运营单位生产效率,创造外部经济。

4.3 高速公路服务质量影响因素确定

1. 确定原则

高速公路的服务质量分析是一个复杂的系统工程,其中涉及汽车工程、交通工程、道路工程、人机工程、环境工程和管理工程等多门学科,影响因素繁多,且这些因素之间又是

相互作用、相互影响、相互渗透。若要对诸多因素逐一进行
调查、分析与评价是不可能的,也是没有必要的。选择对高
速公路服务质量影响比较大,且有直接关系的因素来分析。
对于某些有相互渗透的因素只在一方给予考虑。如高速公
路的道路绿化,既是道路工程的重要组成部分,也是环境工
程的重要措施,只在环境工程中给予考虑,这样可以简化系
统分析的复杂性,又能客观全面地反映高速公路的道路交通
状况。由于人为(主要指驾驶员)因素的复杂性,随机性、从
管理部门的角度出发,将人因素对交通服务质量的影响给予
考虑。

　　2. 影响因素的确定

　　按照系统论的观点高速公路交通系统是由人(道路使用
者)、车、路(道路环境等)三个要素构成的动态系统,如图 4-5
所示。

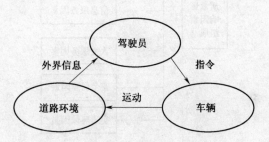

图 4-5　高速公路交通系统结构

　　系统中,驾驶员首先从外部获取信息,这种信息综合到
驾驶员的大脑中,经判断形成动作指令,指令通过驾驶操作
行为,使汽车在道路上产生相应的运动,运动后汽车的运动
状态和道路环境的变化又作为新的信息反馈给驾驶员,如此
循环往复,完成整个行驶过程。显然,在人、车、路构成一个
特定闭环系统后,各要素之间就产生了相互依赖、相互作用
和不可分割的关系。每一个要素都对高速公路系统产生着

影响,人、车、路三要素和谐统一,获得高水平的服务质量是道路使用者的需求,同时也是道路管理者的目标。

根据上述确定的原则,依据道路交通现状,应用交通工程学原理,把高速公路中的道路状况、交通运行、管理系统、信息服务、人文服务、安全保障系统、交通环境等方面作为其影响的主要因素,对高速公路的道路交通服务质量进行分析,如图 4-6 所示。

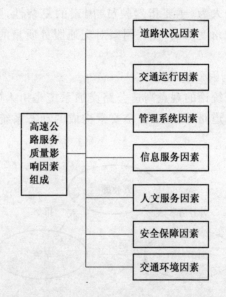

图 4-6   高速公路服务质量影响因素系统构成

在整个影响因素体系中,交通运行是高速公路服务质量的主体,道路状况是高速公路服务质量的基础,管理与安全因素是高速公路服务质量的重要保证,信息服务与人文服务是高速公路服务质量的重要体现,而环境因素是高速公路服务质量的外部重要条件,高速公路交通服务质量的优劣正是受到诸多因素的综合影响,它们构成了衡量高速公路交通服务质量的影响因素集。

4.4 高速公路服务质量系统分析

高速公路系统是由人—车—路—环境组成的复杂动态系统,包含了道路系统、车辆系统、机电系统、安全保障系统、管理系统、环境等子系统,各子系统之间相互作用、相互影响、相互渗透。依据前述分析以及在前人研究的基础上,可将高速公路服务质量系统划分为:道路状况子系统、交通运行子系统、管理系统子系统、信息服务子系统、人文服务子系统、安全性能子系统和交通环境子系统。

4.4.1 道路状况子系统

道路状况反映了道路的质量状况、几何设计特征以及线形组合等因素。高速公路自身缺陷可分为显性缺陷和隐性缺陷。道路显性缺陷是指通过一般方式就能直接看出来的道路缺陷,如路面的坑洼等破损情况。隐性缺陷是指难以通过观察方式即可轻易和直接看出的道路缺陷,如高速公路连续很长的直线路段等。

高速公路对道路设计特征的要求较高,一旦某些设计特征出现缺陷,往往会成为事故多发点,并时时刻刻都对快速、安全行车构成严重威胁,而且设计特征上的不足,还将导致高速公路上其余部分的使用效率降低,影响服务质量。下面分别从道路质量状况、几何设计参数、线形组合等组成要素进行分析,如图 4-7 所示。

1. 道路质量状况

高速公路的基本功能是保证车辆高速、安全、舒适、经济地运行,道路质量的好坏,直接影响车辆的行驶状态(安全、舒适和营运费用等),也即直接影响到社会的经济效益。反映道路质量状况的参数主要有路面质量状况、路基状况、构造物状况及沿线设施状况。反映路面质量状况的指标主要

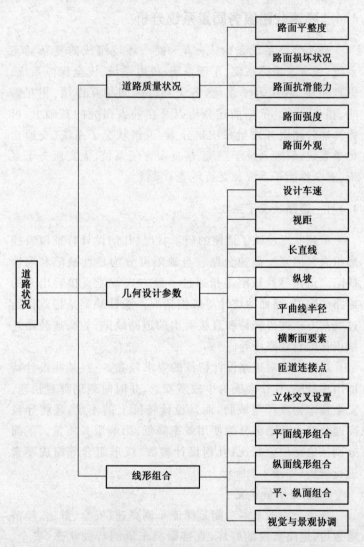

图 4-7　道路状况的组成要素

有 5 个,包括路面平整度、路面损坏状况、路面抗滑能力、路面强度和路面外观。这些路况指标的数值是路面使用性能评价的基础和养护维修方案选择的主要依据。路况数据是路面性能的直接反映，利用这些数据，可以判断路面状况是否适应目前的交通和使用要求，并确定需要采取何种措施来改善路面状况。路面评价决策的恰当与否，在很大程度上依赖于能否及时而真实地采集到路面状况的数据。从路面状况的角度，影响路面行驶质量的主要因素是路面平整度。当路面平整度降低到某一限值，路面的行驶质量不能满足行车对路面的基本功能要求时，便需采取改建或重建措施改善路面平整度，以恢复路面的功能，将路面平整度作为判断路面行驶质量的指标。这5个指标从不同侧面反映了路面状况对行车要求的满足或适应程度，其中路面平整度是度量路面质量状况的一个相当重要的指标。因此，应加强对高速公路路面平整度的养护与管理。

2. 几何设计参数

道路线形几何要素的不合理以及各种不良线形的组合，均可能降低高速公路的服务质量。几何设计参数表征了高速公路的设计水平，反映出道路状况的好坏。但是并非所有的几何参数都设计的理想，当交通需求逐渐增长并接近高速公路设施的交通容量时，就会导致行车速度下降、事故危险性增加、交通拥挤发生，而在局部路段产生此种现象就形成了瓶颈条件。因此，几何参数的设计是否合理，直接影响道路设施有效地为交通服务的能力。

几何设计参数主要包括设计车速、视距、长直线、纵坡、平曲线半径、横断面要素、匝道连接点、立体交叉设置等要素。设计车速是公路技术标准的控制要素，它决定了几乎所有公路设计几何参数，直接影响着高速公路的营运安全与效率。设计车速是指在行车条件良好、公路设计特征均能起到控制作用的情况下，一条公路上能保持的最高行车安全速度。作为公路线形设计的基础指标，设计车速是用于规定线形的最低设计标准。

(1)设计车速一经选定,高速公路几乎所有的要素,如圆曲线半径、超高、纵坡和竖曲线半径等,均依次而定。

(2)在进行公路设计时,选用直线线形应综合考虑地形、地貌、地物的几何形态,同时充分考虑驾驶员的视觉、心理感觉,应尽量避免采用长直线,不得已时应通过变化纵断面、改变路侧环境等技术手段进行改善,尽量避免驾驶人员的疲劳。

(3)平曲线半径。汽车在曲线上行驶时,横向稳定是需要考虑的主要因素,影响横向稳定的因素包括侧翻、侧滑以及乘客舒适程度等,影响汽车横向稳定性的主要指标为运行速度、曲线半径和超高横坡度值,其相互关系的基本计算公式为:

$$R = \frac{v^2}{127(\mu + i)} \tag{4-7}$$

式中　　R——圆曲线半径(m);

v——汽车运行速度(km/h);

μ——横向力系数;

i——超高横坡度,为代表值,正超高为正;反超高为负。

由式(4-7)可看出,其他参数比较明确,只有横向力系数是不变的,其取值主要考虑安全、舒适、经济三个方面的因素。

1)汽车横向稳定性(安全)。汽车横向不稳定现象主要是侧滑和侧翻。侧翻的力学条件就是横向力大于横向摩阻力。当横向附着系数较小时,汽车静止甚至以一定速度行驶时也可能产生内向侧滑;当汽车运行速度很高时,可能产生向外侧滑。

2)乘客舒适程度。汽车横向稳定是横向力取值的极限条件,确定圆曲线半径时,在满足极限条件的前提下,主要考虑乘客的舒适程度,研究资料表明,汽车在曲线上行驶时,横向力系数 μ 与乘客感觉的关系如下:

①$\mu < 0.10$ 时,不感觉到曲线存在,很平稳。

②$\mu = 0.15$ 时,略感觉到有曲线存在,但尚平稳。

③$\mu = 0.20$ 时,已感觉到有曲线存在,并感到不平稳。

④$\mu = 0.35$ 时,感到有曲线存在,并感到不平稳。

⑤$\mu > 0.40$ 时,非常不平稳,站不住,有倾倒的危险。

3)能源消耗。汽车在曲线上行驶与在直线上行驶的能源消耗不同,不同的横向力系数,对汽车燃料消耗和轮胎磨耗的影响也不同。研究资料表明,曲线上行车与在直线上行车相比:

①$\mu = 0.10$,燃料消耗增加 10%,轮胎磨耗增加 1.2 倍。

②$\mu = 0.15$,燃料消耗增加 15%,轮胎磨耗增加 2.0 倍。

③$\mu = 0.20$,燃料消耗增加 20%,轮胎磨耗增加 2.9 倍。

由此可见采用的横向力系数越小,材料和能源消耗越低。

设计时,在执行标准规范指标的基础上,就特殊的设计事项而言,在一般道路路面条件下,从行车安全角度考虑,对于高速公路,横向力系数不应超过 0.15。

(4)最大纵坡。确定最大纵坡值要综合考虑货车的爬坡能力、公路通行能力、下坡制动安全性、交通事故率、油耗、环境保护、工程投资、地形、交通结构差异、经济发展等多种因素。

《公路工程技术标准》(JTG B01—2003)中规定,不同设计速度下各参数指标值见表4-4。

表4-4 不同设计速度下各参数指标值

设计速度(km/h)	120	100	80	60
最大纵坡	3%	4%	5%	6%

续上表

设计速度(km/h)		120	100	80	60
行车道宽度(m)		2×7.5	2×7.5	2×7.5	2×7.0
路基宽度(m)	一般值	26.0	124.5	23.0	21.5
	变化值	24.5	23.0	21.5	20.0
曲线半径(m)	极限最小	650	400	250	125
	一般最小	1000	700	400	200
停车视距(m)		210	160	110	75
坡长限制(m)		1 500	1 000	700	300

(5)视距。视距是保证道路行车安全的重要因素之一,与道路的平面线形和纵断面线形有密切关系。在平面线与竖曲线上超车时发生的道路交通事故,经常是由于视距不足引起的。

交通事故数不仅与存在视距不足的路段有关,而且与这种路段的分布概率有关。

根据相关资料表明,事故率随视距的增加而降低。当视距小于 100 m 时,事故率随视距减小而显著增加;当视距大于 200 m 时,事故率随视距增加而缓慢降低。

3. 线形组合

线形组合是联系道路、车辆、驾驶员和交通环境的纽带。线形组合的好坏直接影响驾驶员在视觉上、心理上的感觉。合理的线形是行车舒适与安全的重要前提,高速公路能否按预想发挥其效能,除自然条件和汽车行驶力学的要求外,一个重要因素就是线形组合的合理性。高速公路交通服务质量的可靠性不仅与道路的平纵线形、纵坡度大小有关,还与道路设计时选定的几何线形之间的组合是否协调密切相关。对于高速公路而言,任何路段在设计时就所选用的每一种线形单独来讲,一般都符合设计规范,但将多种线形组合在一起,其整体效果是否满足道路交通安全,则需针对具体路段进行分析评价。高速公路道路线形与道路景观间的组合设计是否协调,同样对高速公路交通服务质量有重要的影响。行车实践表明:在空旷的地段设置长直线线形,因景观单调,不能有效地诱导驾驶员的视线,极易诱发交通事故。因而,高速公路的设计、建设应坚持与自然景观相协调的原则,以使驾车环境对驾驶员的驾驶行为从心理和生理两个方面产生积极作用,以利行车安全。对于交通运行来说,线形越合理,行车状态越好,承受交通量也越大。线形组合包括平面线形组合、纵面线形组合、平纵面组合及视觉与景观协调四个方面。

4.4.2　交通运行子系统

高速公路建成通车后,其道路状况因素则成为一种相对稳定的评价要素。而涉及高速公路车辆运行状态的一系列参数,就表示了高速公路的交通状况和运行水平,是一些随交通需求增长、时间周期变化以及道路设施水平变化而动态波动的评价要素,是高速公路交通服务质量最直观和最直接的系统性能。在考虑交通运行因素时,可从交通容量、运行效率、交通流质量和系统性能四个角度加以分析,如图 4-8 所示。

1. 交通容量

(1)交通量。交通量是交通流的三大度量参数之一,它决定行车速度、交通流的运行规律以及驾驶员的精神紧张程度。驾驶员行车的工作状况不仅受道路条件的影响,而且还要受交通条件的影响。在影响驾驶员形成的诸多交通因素中,交通量的影响起着主导作用。交通量的大小直接影响到交通运行质量的好坏,在实际分析问题时,常采用高峰小时交通量和年平均日交通量两个参数,它们是衡量道路拥挤程

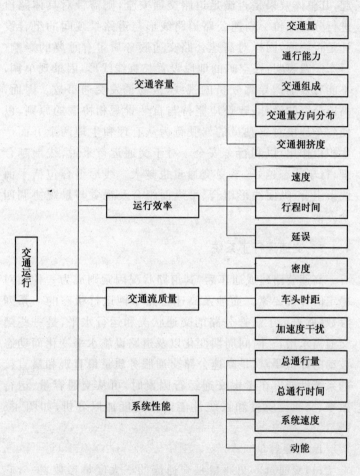

图 4-8　交通运行的组成要素

度的基本尺度,是高速公路交通分析的主要技术指标。

　　(2)通行能力。指在一定的道路、交通和环境条件下,单位时间内,一条车道或道路的某一断面上能够通过的最大车辆数。一般以 veh 或 pcu 为单位,常用高峰小时一条单向车道的交通量为指标来反映。通行能力分析的主要目的是用来测定在规定的运行条件范围内设施的交通负荷能力,即设施能容纳的最大交通量,它为分析和改进现有设施并为高速公路规划、设计和交通管理提供依据。

(3)交通组成。交通组成可用交通流中每种车型所占的百分比表示,也常用车辆混入率来表示。我国高速公路交通组成复杂,车辆混合程度大。由于各车型之间车体大小及性能存在很大差异,这就对交通运行产生了不利影响,致使通行能力与服务交通量减少、速度降低,尤其是当重型车辆混入率较大时,对安全性的影响会更大,发生事故的概率也更大。因此,高速公路应对重型车的混入率有所限制。

(4)交通量方向分布。交通量方向分布反映了高速公路的利用程度,表明其使用是否正常,当两个方向交通量分布均衡时,高速公路的交通条件最好。方向分布对高速公路交通运行影响也是比较明显的,当方向性分布不均衡时,服务质量和运行能力都会下降。

(5)交通拥挤度。拥挤度定义为道路交通量与通行能力之比,又称饱和度,它能够比较客观地反映道路交通的繁忙程度。拥挤度体现了多种因素的综合效果,不仅表示了交通的负荷程度,而且还具有能反映与行驶速度间的关系的优点,是影响道路交通服务质量的有效指标。

交通拥挤度(S)与交通量(Q)的关系如图 4-9 所示。具体计算式为:

$$S = \frac{Q}{C} \tag{4-8}$$

式中　S——交通拥挤度;

　　　Q——实际(预测)交通量(veh/h);

　　　C——高速公路设计通行能力(veh/h)。

2. 运行效率

(1)速度。速度作为交通流的三大度量参数之一,是对道

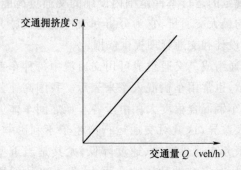

图 4-9　交通拥挤度与交通量的关系图

路使用者提供交通服务质量的一个重要量度标准,是最能表征交通状况的指标。通常采用瞬时车速(地点速度)和区间车速来对高速公路某特定点或某路段区间上交通运行状况进行分析。区间车速是评价道路行车通畅程度与分析车辆发生延误原因的重要参数,区间车速越大,道路交通服务质量越好。

(2)行程时间。行程时间包括车辆有效行驶时间和停驶时间。它与速度密切相关(成反比),能够比较真实地反映道路区间的畅通程度,是高速公路道路交通状况综合效果的直接体现。

(3)延误。延误是指车辆在高速公路上运行时由于交通拥挤和事件的影响所造成的实际损失,以 s/veh 计。延误不仅直观地反映了道路交通的阻塞情况,而且反映了车辆行驶的服务经济性。延误的大小严重影响了驾驶员及乘客对该条道路设施的满意程度,是衡量高速公路服务质量优劣的一个重要因素。

3. 交通流质量

(1)密度。密度是交通流的三大度量参数之一,表示车辆之间相互接近的程度,反映了在交通流中车辆行驶的自由度以及车流从道路上获得的服务质量。它是交通运行质量好坏的集中体现,密度越大,高速公路服务质量越差。

由于密度是瞬时值,随观测的时间或道路区间长度的变化而变化,而且不能反映出车辆长度与速度的关系,尤其当车辆混合程度大时,密度的高低并不能明确地表示出交通流的状态,所以在实际应用中,往往还采用车辆的车道空间占有率来间接表征密度。车道空间占有率越高,车流密度越大。

(2)车头时距。车头时距表示前后两辆车通过一条车道或道路上某一点的时间间隔。它是描述交通流中车辆运行状态的微观物理量,它与宏观参数——流量、密度、速度有关。从微观分析角度看,车头时距最能说明高速公路上车流运行特性,也可表征车辆行驶时变化车道的难易程度,并可作为评价运行质量的一个指标。车头时距大,表示车流之间自由度大,运行状态好。同时车头时距的大小可以反应出高速公路上车辆行驶变换车道的难易程度。通常取平均车头时距来分析。车头时距(h)与交通量(Q)的关系:

$$h = \frac{3\,600}{Q} \tag{4-9}$$

式中　h——车头时距(s);

　　　Q——单车道 1 h 实际交通量(veh/h)。

(3)加速度干扰。加速度干扰是描述交通流质量方面的另一个微观物理量,它是指车辆加速度对均匀速度的干扰,以加速度均方根的大小表示。加速度干扰是对车辆与道路、交通条件之间相互冲突程度的一种度量。加速度干扰小,说明交通流运行条件好。

4. 系统性能

系统性能不仅用来评价高速公路交通系统的运行效率,而且它还反映了高速公路交通运行状况的总体特征。系统性能越好,表明高速公路服务质量越高。描述系统性能的量度指标有以下 4 个：

（1）总通行量。即高速公路运输的总量，以单位时间的 veh·km 表示，单位时间可取月、季度、年等。总通行量是系统性能的重要指标，它是一个组合参数，而非量测指标。

（2）总通行时间。即车辆在高速公路上旅行的时间总和，以单位时间的 veh·h 表示。得到这个参数的理想方法是求出所有车辆的通行时间之和，但这未必总是可行，实际上是以代表性车辆量测后而近似推算的，当然也可以用人·h 或 t·h 表示。

（3）系统速度。表示为总通行量与总通行时间之比，它可以更好地度量系统性能和运行水平。

（4）动能。动能是密度与速度两参数的组合，表示为密度与速度平方的乘积，单位为 veh·km/h²。用物理学的动能概念相类比，这个参数被称之为交通流的"动能"。交通流的动能是表征系统性能状态的很好度量参数。动能越大，说明交通运行质量越好，系统性能也越好。

4.4.3　管理系统子系统

高速公路的管理系统是高速公路服务质量的重要保障，是影响因素体系不可分割的组成部分。高效、完善的管理手段，将给高速公路的交通运行提供一个良好的环境，为高速公路充分发挥其功能，对减少交通事故的发生，或一旦发生交通事故，减少其伤害和损失，都有着极其重要的作用。

可以说，没有管理，就无法保证高速公路正常有效地运行。管理的好坏，其运营结果和经济效益也大不相同。所以，对高速公路必须进行科学的现代化管理。管理子系统主要包括如图 4-10 所示的几个组成部分。

1. 管理水平

高速公路管理水平主要体现在管理体制、管理法规、管

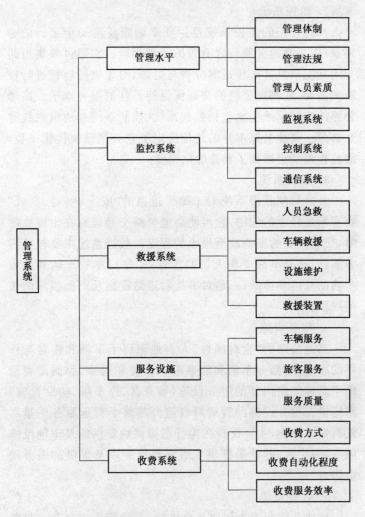

图 4-10 管理子系统的组成要素

理人员的素质及执法情况等几方面。确保高速公路的安全、快速运行,要有一套高效、合理的管理体制及切实可行的管理法规,而且管理人员要具有良好的政治素质和业务素质。

2. 监控系统

高速公路的监控系统是保证车辆能高速安全运行的必要条件,是高速公路行之有效的管理手段。它通过收集道路交通状况信息并进行适时分析与处理,对车辆的运行进行控制和诱导,使高速公路的交通流保持最佳的服务水平。高速公路的监控系统主要包括监视系统、控制系统和通信系统等几部分。高速公路本身的地位决定了它必然是现代化工程,而监控系统更增加了其智能化程度。

3. 救援系统

高速公路救援系统对于确保道路的"安全、畅通、高效"有着举足轻重的作用,它可使高速公路交通运行在出现故障时,交通所受的影响减至最小的程度。救援系统主要包括三方面:一是对事故受伤人员的急救;二是对事故车辆和故障车辆的救援和排除;三是对事故后道路设施及路面损坏的快速维护。

4. 服务设施

高速公路的"全封闭性"人为地阻碍了车辆和旅客与外界的联系,给部分车辆和旅客带来不便和困难,因而需要借助于高速公路内部的服务设施(服务区、停车场、辅助设施)来提供。服务设施的管理对高速公路整个营运服务质量高低有重大影响,主要反映在为行车提供物资供应及车辆维修服务,为旅客、驾驶员提供生活需要服务以及提供的服务质量等方面。

5. 收费系统

高速公路收费为高速公路维修、养护等提供资金。收费系统是否适用、高效直接影响高速公路交通运行状况,尤其是交通量的大小,从而反映到高速公路运营单位的效益方面。收费系统的影响可从收费方式(收费制式、收费标准)、收费自动化程度以及收费服务效率等方面体现。

4.4.4 信息服务子系统

高速公路机电系统主要由通信系统、收费系统、监控系统、配电系统等构成。通信系统、收费系统和配电系统是高速公路正常运营（收费和管理）的基本条件，因此建设相对比较完善。但是，监控和信息服务系统建设方面的建设相对滞后，主要表现在：重要动态信息（比如路段拥堵、恶劣气候、交通事故等）采集能力比较弱，服务信息的整合、共享与发布方面的水平也有待提高。总体来看，高速公路运营部门对高速公路的信息服务重视程度不够，其服务意识有待加强。

高速公路交通信息服务系统作为智能交通系统（ITS）的一部分，其本质是运用各种技术使出行者在出行的全过程中能够及时、准确、方便地掌握影响其出行行为的信息，为出行者提供多方位、高质量的出行服务，提高交通安全水平，缩短出行时间，使交通出行更加顺畅、平稳。另一方面，高速公路交通信息服务系统为各级交通管理部门提供决策和管理所需的数据支持，提高交通管理效率和服务水平。总之，高速公路交通信息服务系统通过进一步加强交通系统人、车、路、环境等各交通要素之间的联系，可以有效地改善现有路网的运行状况，提高道路有效利用率和交通流量，减少道路的交通拥挤程度、交通事故的发生率及因交通拥挤、事故等造成的出行时间延长，降低油耗、减少废气排放污染，有利于提高高速公路的整体服务水平，实现可持续发展。

高速公路服务使用主体在出行的不同阶段对信息服务需求的差异性较大，出行者在各个出行阶段对交通状况、气象、路边服务、交通事件、道路施工、收费、公共服务设施、公共服务预定、旅游景点等方面的信息需求是不同的。

（1）出行前信息需求

出行前阶段是出行的规划阶段，高速公路使用者一般倾向于事先搜集包括道路的交通状况、备选路径和指定路径的行车速度、服务区情况、当前有无交通事故和交通管制以及当前及预测的未来天气情况等信息。

(2)出行中信息需求

在出行途中,出行者所关注和需求的重点是希望能够通过可变信息情报板、短信、广播、视频或音频等的方式获取关于出行选择及车辆运行状态的精确信息以及道路情况信息和警告信息,对于不熟悉地形的驾驶员更希望获取具有导向功能的信息,出行中公众对路况信息是特别关注的。途中使用者的信息服务需求见表 4-5。

表 4-5　高速公路使用者信息服务需求

信息类别	主要需求内容
交通状况信息	交通流量、路段占有率、拥挤度、交通事故以及各路段的交通管制
气象信息	气象部门发布的当前和未来一段时间内的天气情况的信息
路边服务信息	路边餐饮、食宿、加油站、停车场、紧急电话等服务的信息
交通事件信息	当前交通网络中出现的交通事故及重大事件发生的时间和地点等信息
道路工程施工信息	有关规划和突发的道路施工、道路关闭、道路维护等信息
收费站信息	收费站的位置、收费标准等信息

如上所述,根据用户的不同需求内容,一个先进的高速公路出行信息服务系统的功能需求可以从以下几个方面来考虑:

(1)便利性

高速公路服务系统提供的功能是否方便、可靠、有效对出行者来说是非常重要的。通常来说,出行者不希望花太多时间和费用在交通信息的获取上面,因而功能上应尽量简便,切合绝大部分出行者的实际情况。例如,目前互连网比较普及,那么通过计算机、手机等网上查询交通信息可以做为一种方便、有效的方式。

(2)多样性

单一的功能已不能满足出行者对交通信息的需求。在不同的时间、地点,所需的交通信息不同,受到的条件限制也不同。同一种功能在不同的时间和地点下,不一定都能使用。同时,在不同交通状况下,既需要能提供静态交通信息的功能,也需要有提供动态交通信息的功能。例如,除了提供一般交通信息查询功能外,还可以为出行者提供出行路径规划、订票购票服务、电子地图功能等。

(3)个性化

一般来说,高速公路服务系统主要针对普通出行者来设计功能,但对于少数出行者来说,鉴于其经济条件允许,可以为其提供一些个性化的功能服务,方便其出行。如可以提供出行信息定制、出行信息提示等。

4.4.5　人文服务子系统

高速公路的服务应是在确保安全、畅通、快捷的基础上,通过亮丽的环境、流畅的线形、安全的保障、员工熟练的工作技艺、真诚的微笑、友善的人际关系,勾勒出温馨、舒畅、满意的服务形象,形成"真诚与微笑"的用户至上的核心服务理念。高速公路作为社会公共服务设施,其文明服务工作质量和水平时刻要接受各方面的监督,成为高速公路运营管理单位树立对外形象的关键任务。可以说,加强文明、优质的人文服务是增强高速公路运营管理发展活力的内在品质要求,也是为了满足社会的多层面需求。

高速公路运营单位的大部分员工树立了"用户至上"的服务理念,具备了用服务拓展事业、全力打造高速公路单位服务品牌的思想素质和业务素质,在工作实践中,端正服务态度,提高服务质量。但也有少数员工由于为用户服务的意识不强、服务能力不强,存在一些不容忽视的问题:一是服务欠周到;二是帮助欠真诚。

服务也是一种文化。服务同样表现为人的行为,人的行为从根本上来说,是由其动机和意识控制的,所以要想从根本上解决人文服务问题,实际上最重要的是解决人的服务意识问题。如果一名员工没有良好的服务意识,只把工作当作任务来完成,当别人有需要帮助时,就会怕麻烦,有反感心理,这样是决不会做好服务工作的。只有树立优质服务意识,积极主动地急他人所急,想他人所想,才能真正做到优质服务。从这个意义上来说,进行人文服务管理,本质上是要进行企业文化的运作,因此人文服务的管理是一种企业文化的管理。

全力打造高速公路企业服务品牌,端正服务人员在工作实践中的服务态度,提高服务质量,进一步塑造文明服务的窗口形象,是一项长期的工作。人文服务工作是一个"没有最好,只有更好"的系统工程,需要形成一个不变的基本主张和一套规范操作规程,树立服务品牌,才能实现运营单位的经济效益和社会效益的双赢,也才能实现高速公路运营单位持续有力的发展。

4.4.6 安全性能子系统

高速公路的安全性是良好行车环境的先决条件,是影响高速公路交通服务质量的重要因素,安全不仅关系到高速公路的正常运转,也关系到人们的生命财产以及生活和工作。安全性好,高速公路的功能和优越性才能充分发挥和体现。反映安全性能方面的要素主要有安全设施、交通事故率以及交通事故损失等,如图 4-11 所示。

1. 安全设施

安全设施是保证高速公路车辆高速安全行驶的必要物

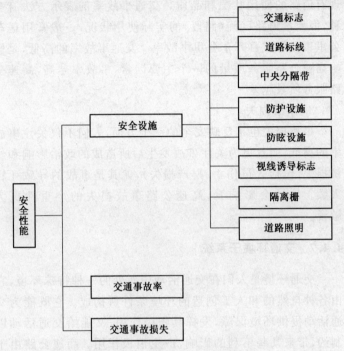

图 4-11　安全性能的组成要素

质条件,是减少、减轻和杜绝交通事故的有力措施之一。它应为道路使用者提供可靠、及时、明确的信息,清晰的视线诱导,增加美观和行驶舒适性。高速公路必须要有完善的安全设施,应根据道路及交通情况,给予合理配置,并应与道路景观相协调,主要包括交通标志、道路标线、中央分隔带、防护设施、防眩设施、视线诱导标、隔离栅及道路照明设施等。

2. 交通事故率

交通事故是一种随机现象,其发生的频率与严重性实质上反映了人、车、路、环境等交通要素各自的可靠性以及相互的协调状况,是高速公路规划、设计、管理水平高低或成败的体现。透过交通事故率,可以从宏观及综合的角度上反映出现有道路的使用状况和品质。交通事故率的表示方法有多种,但衡量道路区间(路段)的实际使用状况,一般常用亿车公里事故率或百万车公里事故率。交通事故率的高低,是影响高速公路服务质量的一个主要因素,事故率越高,高速公路服务质量越差。

3. 事故损失

事故损失也是反映安全的一个方面,人们不仅关注事故率的高低,而且更为关注事故发生后所造成的政治影响和经济损失(包括人员伤亡、财产损失),尤其是事故的导致死亡人数。从社会影响看,高速公路事故损失的严重性更为敏锐。

4.4.7 交通环境子系统

交通环境是人们在交通活动中所处的一种特殊环境,它由各种自然的和人工创造的环境条件所构成。它既能为交通活动提供环境保障,发挥其积极作用,又能给交通活动以制约,带来某些不利的影响,产生消极作用。高速公路由于其自身特点所决定,它对交通环境的要求较高,在交通环境中,交通公害、道路绿化与美化、恶劣气候等对高速公路服务质量的影响尤为显著,如图 4-12 所示。

1. 交通公害

高速公路的交通公害主要是指车辆在道路设施中行驶所产生的空气污染、交通噪声和振动等。交通公害是构成物质的交通环境的内容物之一,它们产生于道路交通,又危害着道路交通,最主要的侵害对象是活动在交通环境中的交通参与者及道路沿线两侧的居民,特别是长期从事交通运输的汽车驾驶员。随着高速公路交通量的逐渐增长,交通公害会越来越严重,其对交通环境的影响也愈为显著。

(1)空气污染。空气污染主要是来自行驶的车辆所排放

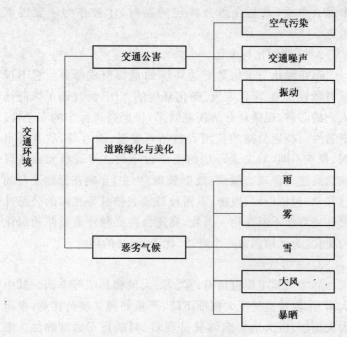

图 4-12　交通环境的组成要素

的废气污染物及二次扬尘对大气环境的污染,车辆污染环境
的主要物质是一氧化碳(CO)、氮氧化合物(NO_x)、碳氢化合
物(HC)以及悬浮颗粒物质等。空气污染程度取决于车辆车
型种类、交通量以及行驶的状况,特别是在收费处的车辆,处
于怠速状态,其污染物浓度均高于正常行驶路段。

(2)交通噪声。交通噪声主要来自车辆噪声源,其影响
范围广,持续时间长,它受到道路与交通条件的密切影响,与
空气污染一样,会对交通参与者的生理和心理上造成侵害。
交通噪声越大,对环境的影响也越严重。

(3)振动。高速公路的振动主要指桥梁及高架结构物等
的振动,车辆对路面接缝及桥梁接缝的撞击以及对修补后的
路面接缝台阶的撞击。振动的影响,没有空气污染和交通噪

声那么严重,只是在研究特定问题时,才被作为主要因素考虑。

2. 道路绿化与美化

道路绿化与美化是交通环境的重要组成部分。它不仅具有减轻污染、净化空气、美化环境的作用,而且还可以舒畅人们的心情,提供良好的视觉效果,保证高速行车的安全性、舒适性。高速公路的使用者包括驾驶员、乘客等,欣赏者不同,视点不同,对交通环境的要求也不同。驾驶员和乘客以欣赏高速公路动态景观(线形景观)为主,车辆在公路上行驶和移动,包括地形、地物、不同种群地表植被等在内的公路外部环境都在不断变化。因此,高速公路必须注重道路的绿化与美化,为运输创造一个舒适、优美、明快的环境。

3. 恶劣气候

恶劣气候主要包括雨、雾、雪、大风和暴晒等方面。其中大雨、浓雾使能见度大幅度下降,严重妨碍驾驶员视觉,视距大大缩短,极大地影响驾驶员观察、判断行车的准确性。雨水或冰雪路面还大大降低了路面的附着系数,易使车轮打滑。严重时,还将产生"水滑"现象,使车辆难以控制,易发生事故。因此,大雨、浓雾、冰雪等天气也是高速公路交通事故发生的主要原因之一。

综上所述,影响高速公路道路交通服务质量的因素众多,系统归类可分为上述七个方面,根据分析,这七个方面已能够满足目前研究问题的需要。当然,还有一些其他方面的因素,如驾驶员特征、车辆性能、运行油耗等,这里暂未考虑。

第5章　高速公路服务系统评价体系

评价是指根据确定的目的来测量对象系统的属性,并将这种属性变为客观定量的计值或者主观效用的行为。研究高速公路服务系统评价,首先要解决的就是评价指标或指标体系的问题。高速公路服务系统的指标体系是评价的关键,评价指标体系的建立及指标属性值及其权重的确定,对落实和提升高速公路服务系统战略是十分重要的。

5.1　系统分析与评价指标综合的主要方法

5.1.1　系统分析的含义

由于高速公路交通系统的复杂性,因此在研究过程中,必须始终坚持系统论的观点,运用系统论的整体性原则,对组成高速公路交通系统的各子系统进行整体性、综合性研究,以便各子系统之间处于最佳关系,使各子系统之间协调发展,最终使得高速公路取得最高的运行效率和最佳的服务质量。

系统科学的产生推动了经典科学向新型科学转变的总体性革命。系统方法是一种新的逻辑方法,包括系统分析和系统综合两个方面的内容。系统论认为,系统中的要素和成分不是简单的堆积,而是由一定的程序和结构联系起来的整体。高速公路的运营是一个由人、车、路、环境组成的受控的人工系统。高速公路服务质量符合系统的统一性原则。第一,高速公路服务质量系统作为由多种设施组合而成、形式多样的工程结构体,其整体和各子系统之间以及它们内部的设计和应用必须贯彻"全局最优"的统一思想。这符合系统科学的精髓，即"总体协调，实现全局最优"。第二，各个子系统内部受同一自然法则支配，对其进行分析时也应用统一法则，而不同子系统各自内部和不同子系统之间并不要求受同样的自然法则支配。这符合系统科学研究对象的特征。

系统分析作为一种决策辅助技术。它采用系统方法对所研究的问题提出各种可行方案或策略，进行定性和定量分析和评价，帮助决策者提高对所研究的问题认识的清晰程度，以便决策者选择行动方案。系统分析的重点在于通过系统研究，调查问题的状况和确定问题的目标，再通过系统设计，形成系统的结构，拟定可行方案，通过建模、模拟、优化和评价技术对各种可行方案和替代方案进行系统量化分析与评价比较，最后给出适宜的方案集及其可能产生的效应，供决策者参考。

系统评价是根据明确的系统目标、结构和系统属性，用有效的标准测定出系统的性质和状态的活动。它是系统分析中的一个过程，是系统分析和决策活动的结合点，系统评价提供的结论是决策者进行决策的基础和依据。因此系统评价在系统应用研究中占有重要地位。系统评价的目的是为了描述系统状态或方案效果，为决策提供相关信息。

系统分析和评价作为一项有目的、有步骤的探索与分析工作，有其自身的概念和流程：从系统总体最优出发，在选定系统目标与准则的基础上，分析构成系统的各子系统的功能及相互关系，以及系统同外部环境的相互影响；然后再调查研究、收集资料以及在系统思维推理的基础上，产生对系统的输入、输出及转换过程的种种设想，探索若干可能相互作用的系统提高服务质量的方案；最后，综合技术、经济、管理、方针政策等各方面因素，以寻求对系统整体效益最优和有限资源配置最优的方案,为决策者提供选取方案的科学依据和信息。明确了高速公路服务质量系统属性,即可运用系统论的思想和方法研究高速公路服务质量的相关问题,完全符合系统分析和评价的思想。

5.1.2　评价指标综合的主要方法

将各评价指标数量化,得到各个可行方案的所有评价指标的无量纲的统一得分以后,通过一定的方法对这些指标进行处理,就可以得到每一方案的综合评价值,再根据综合评价值的高低就可以排出方案的优劣顺序。

1. 加权平均法

加权平均法是指标综合的基本方法,具有两种形式,分别称为加法规则和乘法规则。设方案 A_i 的指标因素 F_j 的得分(或得分系数)为 a_{ij},将 a_{ij} 排列成评价矩阵,见表 5-1。

表 5-1　评价矩阵

指标因素 F_j		F_1	F_2	$\cdots$	F_n	综合评价值 ϕ_i
权重 ω_j		ω_1	ω_2	$\cdots$	ω_n	
方案 A_i	A_1	a_{11}	a_{12}	$\cdots$	a_{1n}	
	A_2	a_{21}	a_{22}	$\cdots$	a_{2n}	
	$\vdots$	$\vdots$	$\vdots$	$\vdots$	$\vdots$	
	A_m	a_{m1}	a_{m2}	$\cdots$	a_{mn}	

(1)加法规则

图 5-1 给出了加法加权平均法(加法规则)的一般思路,计算 A_i 方案的综合评价值的公式如下:

$$\phi_i = \sum_{j=1}^{n} \omega_j a_{ij} \qquad i = 1, 2, \cdots, m \qquad (5-1)$$

式中　ϕ_i——A_i 方案的综合评价值;

　　　ω_j——权重,满足如下关系式: $0 \leqslant \omega_j \leqslant 1, \sum\limits_{j=1}^{n} \omega_j = 1$。

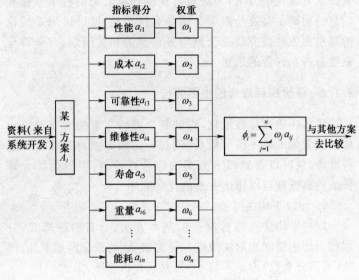

图 5-1　加权平均法的一般思路

（2）乘法规则

乘法加权平均法计算 A_i 方案的综合评价值的公式如下：

$$\phi_i = \prod_{j=1}^n a_{ij}^{\omega_j} \qquad i = 1, 2, \cdots, m \qquad (5\text{-}2)$$

式中　a_{ij}——方案 A_i 的第 j 项指标的得分；

　　　ω_j——第 j 项指标的权重。

对式（5-2）的两边求对数，得

$$\lg\phi_i = \sum_{j=1}^n \omega_j \lg a_{ij} \qquad i = 1, 2, \cdots, m \qquad (5\text{-}3)$$

对照式（5-1）可知，式（5-3）是对数形式的加法规则。

乘法规则应用的场合是要求各项指标尽可能取得较好的水平，才能使总的评价值较高。它不容许哪一项指标处于最低水平。只要有一项指标的得分为零，不论其余的指标得分有多高，总的评价值都将是零，因而该方案将被淘汰。

相反,在加法规则式(5-1)中,各项指标的得分可以线性地互相补偿。一项指标的得分比较低,其他指标的得分都比较高,总的评价值仍然比较高,任何一项指标的改善,都可以使得总的评价值提高。例如,衡量人民群众的生活水平,衣、食、住、行任何一个方面的提高都意味着生活水平的提高。

【例 5.1】　某建设工程有 3 种施工方案可供选择,共有提前工期、成本、工程质量、施工难易程度 4 项评价指标。评价指标的专家评分和权重系数见表 5-2。试对方案进行排序。

表 5-2　评价指标的专家评分和权重系数

指标	提前工期	成本	工程质量	施工难易程度
权重	0.1	0.3	0.4	0.2
方案 1	1	2	1	2
方案 2	2	1	2	3
方案 3	1	3	3	1

(1)按加法加权平均法计算各方案的综合评价值,有

$$\phi_1 = 0.1 \times 1 + 0.3 \times 2 + 0.4 \times 1 + 0.2 \times 2 = 1.5$$
$$\phi_2 = 0.1 \times 2 + 0.3 \times 1 + 0.4 \times 2 + 0.2 \times 3 = 1.6$$
$$\phi_3 = 0.1 \times 1 + 0.3 \times 3 + 0.4 \times 3 + 0.2 \times 1 = 2.4$$

因为 $\phi_3 > \phi_2 > \phi_1$,所以方案 3 最优,方案 2 次之。

(2)按乘法加权平均法计算出各方案的综合平均值,有

$$\phi_1 = 1^{0.1} \times 2^{0.3} \times 1^{0.4} \times 2^{0.2} = 1.414$$
$$\phi_2 = 2^{0.1} \times 1^{0.3} \times 2^{0.4} \times 3^{0.2} = 1.763$$
$$\phi_3 = 1^{0.1} \times 3^{0.3} \times 3^{0.4} \times 1^{0.2} = 2.157$$

因为 $\phi_3 > \phi_2 > \phi_1$,所以方案 3 最优,方案 2 次之。

可见,本例两种法则计算的结果一致。

2. 功效系数法

设系统有 n 项评价指标,其中既可有定性的,也可有定

量的。现在分别为每个指标定义一个功效系数 d_i，$0 \leqslant d_i \leqslant 1$，当第 i 个指标最满意时，$d_i = 1$；最不满意时，$d_i = 0$。然后再计算各个方案的总功效系数，并按总功效系数值进行评价。常用的总功效系数 D 的定义为：

$$D = \sqrt[n]{d_1 d_2 \cdots d_n} \qquad (5\text{-}4)$$

将 D 作为单一评价指标，并希望 D 越大越好（$0 \leqslant D \leqslant 1$）。

D 的综合性很强，如当某项指标 d_k 最不满意时，$d_k = 0$，则 $D = 0$。如果各项指标都令人满意，$d_i \approx 1 (i = 1, 2, \cdots, n)$，则 $D \approx 1$。其中，式（5-4）就是加权平均法中乘法规则式（5-2）的特例：$\omega_1 = \omega_2 = \cdots = \omega_n = \dfrac{1}{n}$。

功效系数法的优点在于有助于把各方案的综合系数拉开差距，易于分辨优劣。此外，这种方法避免了"一俊遮百丑"。这是因为，只要有一个指标的功效系数很小，则总的功效系数必然很小，体现了考虑整体功能的同时必须兼顾子系统的功能。正如德、智、体三好同时具备，才算是三好学生。若智、体都是满分，而德是零分，这样的学生不能算是好学生。

3. 主次兼顾法

设系统具有 n 项指标 $f_1(x), f_2(x), \cdots, f_n(x), x \in R$，如果其中某一项最为重要，假设为 $f_1(x)$，希望它取极小值，那么我们可以让其他指标在一定约束范围内变化，来求 $f_1(x)$ 的极小值。也就是说，将问题化为单项指标的数学规划：

$$\min f_1(x), x \in R'$$
$$R' = \{ x \mid f_i' \leqslant f_i(x') \leqslant f_i'', i = 2, 3, \cdots, n, x \in R \}$$

例如某生产企业，要求产品成本低、质量好，同时还要求污染少。如果降低成本是当务之急，则可以让质量指标和污染指标满足一定约束条件而求成本的极小值；如果控制污染、保护环境是当务之急,则可以让成本指标和质量指标满足一定约束条件而求污染的极小值。

4. 效益成本法

在系统评价中,所涉及评价指标总可以划分为两类:一类是效益,另一类是成本。前者是我们实现方案后能够获得的结果,后者是为了实现方案必须支付的投资。将每个方案的效益与成本分别计算后,再比较其效益/成本,就可以评价方案的优劣。显然,效益/成本越大,方案越好。

【例5.2】　某汽车厂为了扩大生产,准备新建一间厂房。为此提出3个方案,见表5-3,试用效益成本法对3个方案进行评价。

表5-3　建厂方案指标比较

序号	指　　标	单位	方案1	方案2	方案3
1	造价	万元	100	86	75
2	建成年限	年	5	4	3
3	建成后需流动资金	万元	45.8	33.3	38.5
4	建成后发挥效益时间	年	10	10	10
5	年产值	万元	260	196	220
6	产值利润率	%	12	15	12.5
7	环境污染程度		稍重	最轻	轻

对三个方案进行比较后发现它们各有优缺点。为了便于进一步判断,应把目标适当集中。由于在系统评价中最关心的是成本和效益这两大类,因此应该首先集中注意此两类指标。已知建成后发挥效益的时间是10年,则可计算出三个方案的10年总利润及全部投资额。比较结果见表5-4。

表 5-4　各方案投资利润比较

序号	指　　标	单位	方案 1	方案 2	方案 3
1	总利润额	万元	312	294	275
2	全部投资额	万元	145.8	119.3	113.5
3	利润高于投资的余额(1-2)	万元	166.2	174.7	161.5
4	投资利润率(1/2)	%	214	246	242

从表 5-4 可以看出,方案 2 是最理想的。方案 1 的总利润虽高于方案 2、方案 3,但投资额也高于方案 2、方案 3,结果使投资利润率低于方案 2 和方案 3。况且,环境保护方面效果差,因此应放弃此方案。同理,进一步分析方案 2、方案 3可以看出,方案 2 要优于方案 3。

5. 罗马尼亚选择法

效益成本法没有严格的步骤,随评价的问题不同,分析的内容和方法也不相同。为了使多指标评价问题的解决能够尽量规范化,罗马尼亚人曾经采用了所谓选择法。

这种方法是一种比较简便的规范化方法,此法的进行过程如下:

首先,把表征各个指标的具体数值化为以 100 分为满分的分数,这一步称为标准化。标准化时分别从各个指标比较方案的得分,最好的方案得 100 分,最差的方案得 1 分,居中的方案按式(5-5)计算得分数:

$$X = \frac{99 \times (C - B)}{A - B} + 1 \qquad (5\text{-}5)$$

式中　A——最好方案的变量值;

　　　B——最差方案的变量值;

　　　C——居中方案的变量值;

　　　X——居中方案的得分数。

现在仍以上述例子为例,将表 5-3 经过标准化后得到的结果列在表 5-5 中。因为各方案"建成后发挥效益时间"相等,故可不列于表中。

标准化之后进行综合数量评价,以确定中选方案。在此之前,先根据各指标的重要性确定权重,重要的给以较大的权重;另外,同一指标中各方案分数差异大的,权重也应大一些。按照这些原则确定本例的权重,并填在表 5-5 的最右边一列里。

权重总和为 250,有了权重和每个方案相对于各个指标的得分数,就可对方案进行综合评价。

此处采用加权平均法,即将各指标的权重乘以各方案相对于各指标的得分数,然后相加求总和,就得到各个方案的分数加权和。

对于本例,由表 5-5 得到方案 1、2、3 的分数加权和分别为 3 220、18 306、14 295。因为方案 2 的分数加权和最大,故中选方案为方案 2。

表 5-5 数据的标准化

序号	指 标	方案 1	方案 2	方案 3	权重
1	造价	1	56.4	100	40
2	建成年限	1	50.5	100	40
3	建成后需流动资金	1	100	58.8	40
4	年产值	100	1	38.1	30
5	产值利润率	1	100	17.5	80
6	环境污染程度	1	100	70	20

从上述计算过程可以看出,权重的大小对方案的选择影响很大,上面对产值利润率比较重视,所以给的权重比较大。如果不考虑这个指标,即令其权重等于 0,则此时方案 1、2、3 的分数加权和分别为 3 140、10 306、12 895,那么中选方案就应该是方案 3 了。

6. 分层系列法

分层系列法又称指标分层法,它是把多指标评价问题化为一串单指标评价问题来处理。其主要做法是,把指标按其重要程度排序,重要的排在前面,依顺序求其最优。例如,设指标已排成 $f_1(x), f_2(x), \cdots, f_m(x)$,然后对第一个指标求最优,找出所有最优解的集合,用 R_1 表示;再在 R_1 内求第二个指标的最优解,把这时最优解集合用 R_2 表示;如此继续做下去,直到求出第 m 个指标的最优解为止。显然,最后得到的结果对所有指标都是最优的。

7. 理想解法

设评价对象 A_i 相应于评价因素 F_j 的属性为 a_{ij},经归一化处理后得 d_{ij}。所有的 d_{ij} 组成整个系统的评价矩阵:

$$R = \begin{bmatrix} d_{11} & d_{12} & \cdots & d_{1n} \\ d_{21} & d_{22} & \cdots & d_{2n} \\ \vdots & \vdots & \vdots & \vdots \\ d_{m1} & d_{m2} & \cdots & d_{mn} \end{bmatrix} \tag{5-6}$$

理想点的概念:在指标对方案的评价值而言越大越好的情况下,取 $d_j^* = \max\limits_{1 \leqslant i \leqslant m} \{d_{ij}\}$,则称 $d^* = (d_1^*, d_2^*, \cdots, d_n^*)^T$ 为理想点。

定义方案 A_i 与理想点间的欧氏距离为:

$$L(\lambda, i) = \sqrt{\sum_{j=1}^{n} \lambda_j^2 (d_j^* - d_{ij})^2} \tag{5-7}$$

欧氏距离越小,该方案越接近理想点,故可采用 $\min L(\lambda, i)$ 作为最终评价选择标准。

8. 关联树法

应用关联树法对系统进行评价时的工作共分三部分,如图 5-2 所示,第一部分是分析和评价系统的目的所需的技术或方法之间是如何联系起来的,其重点是关联树的建立,并通过关联树来进行评价。第二部分是分析由于对某部分问题的解决而促进另一部分问题解决的相互影响效果,并据此修正关联树。第三部分是根据开发能力和现状与目标做比较,以选择开发时机等。在这里,仅就第一部分对关联树的建立及如何用关联树进行评价问题介绍其步骤。

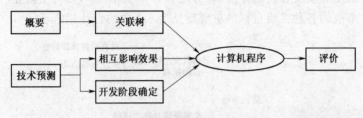

图 5-2 关联树的构成

(1)编写概要。在具体建立关联树前,首先要编写概要,即对要分析的系统所处的环境条件进行假定。为了获得对未来不确定的情况进行分析的方案,通常先组织专家编写概要。概要的内容包括:系统开发目标、现状分析、今后若干年内情况变化的预测等。

(2)建立关联树,把评价目标排列成树状。在树的下位阶层上,不必拘泥于一定要有手段目的的关系,最上位阶层的指标可以只有一个。

(3)给关联树各个阶层的目标赋权,以评价其重要度,并把属于此种阶层的各个指标的权重合起来定为 1。

(4)分别求出各指标的权重与相应指标的权之积,然后在相加,其和即为各指标的重要度。

以交通安全对策为例来说明决定同一阶层上各指标重要度的步骤。为简单起见,把目标分为三层,如图 5-3 所示。现对防止事故的三个目标所具有的重要度进行评价,这三个目标处于"防止事故"一级目标的下位阶层。

假定评价指标为:①死亡人数的减少;②负伤人数的减少;③经济损失的减少。认为它们的权重分别为:0.7、0.2 和

0.1(合计为 1.0)。

另一方面,为了简单,认为二级目标只有三个:①司机安全运行意识的提高;②车辆操作功能的提高;③道路设施的改善。对于这三个二级目标,分别用上述的指标进行评价,假定其重要程度的评分(评分之和为 1)见表 5-6,相对于防止事故的各种二级目标的重要度见表 5-6 中的合计栏所示。

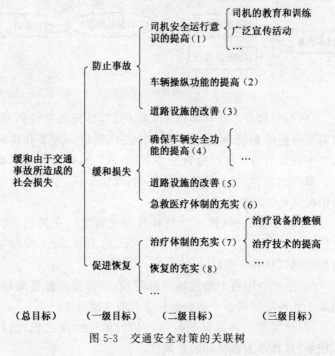

|（总目标）|（一级目标）|（二级目标）|（三级目标）|

图 5-3　交通安全对策的关联树

集体评分时,评价表中各栏的评价值可用集体平均值,但仍要保证列和为 1。

从总目标逐步向下,在各阶层上对同层子目标进行重要度评价,直到末梢目标。把树枝上所经各级目标的重要度连乘即可得到该末梢目标对总目标的综合评价。如一级目标 A_i 的重要度为 $\omega(A_i)$,A_i 下二级目标 B_j 的重要度为 $\omega(B_j)$,

三级目标 C_k 的重要程度为 $\omega(C_k)$，则 C_k 对总目标的综合重要度 TDR 就可以用式(5-8)求出。

$$TDR(C_k)=\omega(A_i)\cdot\omega(B_j)\cdot\omega(C_k) \qquad (5\text{-}8)$$

表 5-6　重要度评价

指　　标	死亡人数的减少	负伤人数的减少	经济损失的减少	重要度计算
指标的权重	0.7	0.2	0.1	1.0
司机安全运行意识的提高	0.3	0.4	0.5	$0.7\times0.3+0.2\times0.4+$ $0.1\times0.5=0.34$
车辆操纵功能的提高	0.1	0.2	0.3	$0.7\times0.1+0.2\times0.2+$ $0.1\times0.3=0.14$
道路设施的改善	0.6	0.4	0.2	$0.7\times0.6+0.2\times0.4+$ $0.1\times0.2=0.52$
合　　计	1.0	1.0	1.0	1.0

目标在四个以上的情况与此相同。只要沿着关联树枝连乘 ω 即可，如第（Ⅰ）层目标的要素对其上一级目标（Ⅰ-1）的多个指标都有贡献时，只需把关联指标的 TDR 相加，即可获得水平Ⅰ的 TDR。

如在交通安全对策中"防止事故目标（一级目标）"的重要程度为 0.5 时，"司机安全运行意识的提高（二级目标）"的 $TDR=0.5\times0.34=0.17$

从防止事故的目标出发，各目标的重要性依次为道路设施的改善（权重为 0.52）、司机安全运行意识的提高（权重为 0.34）和车辆操纵功能的提高（权重为 0.14）。

下面再举一地下商场发生火灾时的避难指挥系统例子。其关联树如图 5-4 所示。

由图 5-4 可知，处于第一级的目标有切实把握火灾情况，向火灾现场的人们传达正确灾情信息，迅速安全避难 3 项。第二级的目标有火灾的检测等 7 项。由于本例的目的在于确

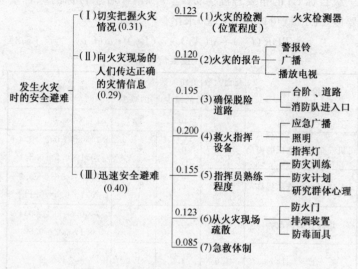

图 5-4　发生火灾时安全避难的关联树

定对策的大纲,所以仅对第一级和第二级作评价。除对第一级确定生命安全、财产安全、社会不安定三个从功能方面进行评价指标外,还增加设备费用和火灾现场结构复杂程度两个评价指标。

现将评价结果归纳成表 5-7 和表 5-8。

表 5-7　权重和重要度评价

评价指标	生命安全	财产安全	社会不安定	重要度计算
评价指标权重	0.7	0.1	0.2	1.0
I II III	0.3 0.3 0.4	0.4 0.4 0.2	0.3 0.2 0.5	$r_1^1 = 0.31$ $r_1^2 = 0.29$ $r_1^3 = 0.40$
合计	1.0	1.0	1.0	

最后得出的结论:救火指挥设备(0.20)和确保脱险道路(0.195)很重要。

表 5-8 关联树和综合关联数

第一级关联数		评价指标	生命安全	财产安全	社会不安定	设备费用	火灾现场构造复杂程度	合计	综合关联数
		权重	0.50	0.05	0.05	0.20	0.20	1.00	
Ⅰ	0.31	(1)	0.10	0.25	0.20	0.10	0.15	$r=0.123$	0.038
Ⅱ	0.29	(2)	0.10	0.20	0.20	0.10	0.15	$r=0.120$	0.035
Ⅲ	0.40	(3)	0.20	0.20	0.10	0.20	0.20	$r=0.195$	0.076
		(4)	0.20	0.20	0.20	0.20	0.20	$r=0.200$	0.080
		(5)	0.20	0.05	0.05	0.15	0.10	$r=0.155$	0.062
		(6)	0.10	0.20	0.20	0.20	0.10	$r=0.123$	0.049
		(7)	0.10	0.10	0.10	0.20	0.10	$r=0.085$	0.034
			1.00	1.00	1.00	1.00	1.00		

9. 可能—满意度法

本方法是从替代方案的可能性及满意程度角度进行评估的。在评估指标体系中,有些指标用可能性,有些用满意程度,也有二者兼用的指标。此方法实际上有两个要求:

(1)要定出指标可能或满意的范围,即可能度的最高与最低点或满意度的最大与最小点。

(2)评出具体方案在这些指标上能达到的可能度和满意度。

如果一个指标肯定能够达到,就是说它实现的可能度最大,给以定量记述:$P=1$。如果一项指标肯定达不到,即没有可能度,这时可记为 $P=0$,这是两个极端情况。在一般情况下,P 在 $0\sim 1$ 之间。

$$P(r)=\begin{cases} 1 & r \leqslant r_A \\ \dfrac{r-r_B}{r_A-r_B} & r_A < r < r_B \\ 0 & r \geqslant r_B \end{cases} \qquad (5-9)$$

式中 r——某种可能性指标。

图 5-5 表明 P 与 r 是反比关系，$r \rightarrow$ 大，$P \rightarrow$ 小，如项目投资额越大，批准此项目的可能性越小；但也有相反的情况，即 $r \rightarrow$ 大，$P \rightarrow$ 大，如港湾水越深，在该处建港的可能度越大，这时图象方向相反。

对于满意度可作类似推导。当完全满意时，记满意度 $Q=1$，当完全不满意时，记满意度 $Q=0$。一般满意度 Q 在 $0 \sim 1$ 之间变化。图 5-6 中的 s 为用满意度表达的某种评价指标。

图 5-6 表明，Q 与 s 方向是一致的，即 $s \rightarrow$ 大，$Q \rightarrow$ 大，如经济效益大，满意度也大。也有相反的情况，即 $s \rightarrow$ 小，$Q \rightarrow$ 大，如水质污染量越小，满意度越大，这时的图象是相反的。

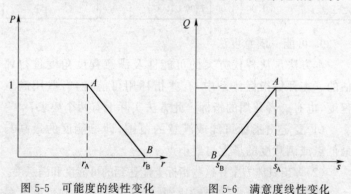

图 5-5　可能度的线性变化　　　　图 5-6　满意度线性变化

如果评价指标同时具有两种属性，既有可能度 $P(r)$，又有满意度 $Q(s)$，这时采用综合表达法，即可能—满意度法。它的表达也与上述类同，当百分之百的既可能又满意时，记 $W=1$；当既不可能又不满意时，记 $W=0$。但这两种情况的中间状态确是极端复杂的，可用式（5-10）抽象表达：

$$W(a) = \langle P(r) \cdot Q(s) \rangle \qquad (5\text{-}10)$$

$$\text{s. t. } f(r,s,a) = 0$$

$$r \in R, s \in S, a \in A$$

式中　　*a*——某些用可能—满意度表达的指标；

　　　　s. t.——约束条件；

　　　　〈…·…〉——并合运算符号（如代换、加法、乘法和混合运
算）；

　　R,*S*,*A*——*r*,*s*,*a* 的可行域。

　　从定量角度看，既有可能又要满意的情况有下列关
系式：

$$W(a) \leqslant \text{maxmin}\langle P(r),Q(s)\rangle \tag{5-11}$$
$$\text{s. t. } f(r,s,a)=0$$

　　例如利润和成本指标既有可能问题，又有满意度问题，
因而就有一个并合过程。

5.2　高速公路服务系统评价分析

　　对高速公路服务质量系统进行分析与评价，是实现高速
公路发展决策科学化和提高高速公路服务质量的需要。因
此，应以人、车、路、环境及管理为一体的观念来评价高速公
路服务系统的发展状态，保证长远发展的各方面效益，努力
确保高速公路的实体质量、功能质量、外观质量、环境质量、
投资效益、社会质量的协调统一。质量是工程的生命，更是
一个行业的生命。传统上，较多从行业内看公路，在"路中"
设计公路，运营管理公路，对高速公路质量认识一般都停留
在实体质量和功能质量层面，对服务质量重视不够。随着科
学发展观的确立和公民参与意识的不断增强，社会公众开始
逐渐关注高速公路运营情况，包括高速公路使用者、路域居
民在内的社会公众逐渐成为高速公路质量评价的主体。这
就要求要站在整个社会的"路外"来评价高速公路，高速公路
系统服务质量不仅要求公路具有安全、耐久的实体质量和高
效、方便的功能质量，而且还需要具有可以满足审美要求的
外观质量和为使用者提供方便、降低负面影响的社会质量。

高速公路服务质量内容如图 5-7 所示。

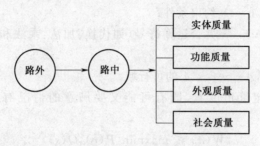

图 5-7　高速公路服务质量内容体系

运用高速公路服务质量系统指标体系,对高速公路服务质量的状况进行综合分析、评价,可以评价和监测高速公路服务质量的状态,为管理决策提供依据。通过评价与比较,找出差距与薄弱环节,并分析原因,以便采取对策,引导管理机构贯彻服务至上的宗旨,改善高速公路的服务质量。

5.2.1　高速公路服务系统评价概述

对高速公路服务质量问题的研究,可以概括为两个方面,一是高速公路服务质量的概念和理论,二是对高速公路服务质量影响因素进行分析,对高速公路服务质量的现状进行分析、评价,找出提高高速公路服务质量的实现途径。前者是理论问题,后者是现实问题。这两方面的问题又是紧密联系在一起的,其联系的纽带就是对高速公路服务质量系统进行科学的评价。

高速公路服务质量系统的评价是服务理念进入操作层次的至关重要的环节,如果没有高速公路服务质量的评价指标体系、评价方法和模型,提高高速公路服务质量的思想就只能停留在定义上,既无法给出科学的界定,也无法指导实际操作。另一方面,高速公路服务质量的提高作为高速公路发展战略必然涉及到行动方案(规划、建设、运营方案)的提出、制定、论证与评估等问题。尤其是对行动方案是否满足提高服务质量的要求作出判断,显得更为重要。

对某一条高速公路而言,其当前的服务质量状况能否满足道路使用者的要求以及程度如何,也要做出评估和判断,以便确定下一步工作的方向和重点。这就提出了高速公路服务质量发展的评价问题及其重要性,即为了对高速公路使用者满意程度的现状作出诊断,也为了对高速公路服务质量的提高作出仲裁,都必须把高速公路服务质量评价放在首位。从系统分析的角度,高速公路服务质量的评价也是高速公路建设、养护、运营管理和决策的基础工作。

目前对高速公路服务质量的概念、战略和对策问题,有许多学者进行了研究,而对高速公路服务质量评价问题,大多数都是采用定性分析方法,仅有少量的定量评价指标分析,也局限于微观层面的评价,未作系统评价与分析。从系统原理出发,根据高速公路服务质量理论,对高速公路服务质量评价理论与方法进行研究。

对处于一定时空间位置的高速公路系统来说,其状态既是过去系统运行的一个结果,也是其未来发展的起点和基础。高速公路服务质量评价就是要通过对高速公路系统的道路状况属性和性能、交通运行特性、管理系统因素、安全性能因素、交通环境影响分析,找出系统发展过程中出现的问题、面临的危机或机遇,从而帮助管理者、决策者采取措施,以保证高速公路建设、运营管理长期快速、高效的发展,并产生尽可能好的服务于区域经济社会以及高速公路使用者的利益。为了使高速公路服务质量理论得到具体的应用,根据高速公路服务质量系统的特点,从不同的侧面来描述高速公路服务质量系统,进而对高速公路服务质量发展进行评价,具体的工作流程如图 5-8 所示。

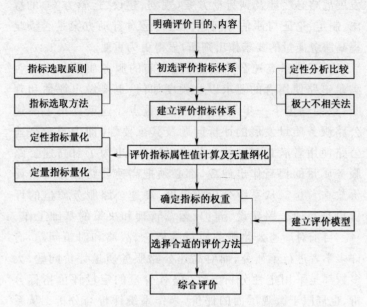

图 5-8   高速公路服务质量综合评价流程图

5.2.2   高速公路服务系统评价的内涵

随着高速公路服务质量概念的不断深化,高速公路服务质量的评价呈现从简单的针对单个问题的局部评价发展到综合的系统评价的趋势。公路行业现有针对设施的高速公路施工质量评价、高速公路养护质量评价;针对运营管理的后评价、交通安全评价、环境影响评价;针对运输的道路客货运输服务质量评价等。但是,尚未建立起基于用户的高速公路系统服务质量综合评价体系。在高速公路服务质量理论研究的基础上,参照公路行业相关方面的评价内容,提出高速公路服务质量评价的概念——对高速公路部门提供的服务条件、服务环境和服务活动所包含的特性进行分析,从整体上判断高速公路服务满足用户和社会需求的程度,并以此为依据分析服务中存在的问题,为高速公路部门加强管理、提高服务水平、改善高速公路运营质量提供依据。高速公路服务质量评价的基本内涵有如下两方面。

1. 高速公路服务质量评价的主体

高速公路服务质量的参与主体有高速公路运营单位(高速公路服务的提供者)、用户(高速公路服务的消费者)、公路管理部门(第三方)。评价的执行主体是具体组织、实施评价的人的群体,高速公路服务质量评价的执行主体是高速公路管理部门和高速公路运营单位。以往,对高速公路方面的评价大多由公路管理部门对其管理范围内的高速公路组织评价,评价的内容集中在高速公路设施的建设、管理养护和企业的运营管理,很少考虑用户的意见。事实上,应将高速公路服务质量评价将行业主管部门、运营单位、用户三者结合起来,这样既有利于高速公路管理部门对不同运营单位提供的高速公路服务进行监测,又有利于高速公路运营单位自评。

2. 高速公路服务质量评价的目的

高速公路服务质量评价不是简单地对高速公路运营单位提供的服务进行评级,而是作为高速公路服务质量管理的基本环节和有效工具。根据全面质量管理的思想,完整的高速公路服务质量管理活动包括计划(PLAN)、实施(DO)、评价三个阶段。计划是在现状分析的基础上提出管理目标,确定实现目标的措施和方法,制定实施的步骤;实施是按照质量目标、计划、措施去具体执行;评价(分为检查、处置两个阶段)是按计划要求对实施执行情况进行检查,寻找实施中存在的主要问题,并对检查的结果进行分析、总结,提出解决方法,为下一轮质量管理循环提供资料。计划、实施和评价相互衔接、不断循环,形成高速公路服务质量的螺旋式上升。服务质量评价是整个管理过程的基本环节,既是对上次管理过程的总结,又为下一次循环提供依据,在整个质量管理环节至关重要。

按全面质量管理的观点,高速公路服务质量评价的目的是检查高速公路运营单位生产、提供高速公路服务的执行情况,了解高速公路服务的整体水平,了解服务质量形成的各个环节与目标之间、与用户需求之间、与社会要求之间的差距,寻找服务中存在的问题,为高速公路运营单位改进生产经营活动、提高服务质量提供依据。

5.2.3　高速公路服务系统评价框架

根据高速公路服务质量理论,高速公路服务质量包括服务条件质量、服务环境质量和服务活动质量三个要素,体现在可达性、安全性、便捷性、经济性、舒适性五个特性上。条件质量、环境质量是高速公路服务质量形成的控制手段,活动质量是高速公路服务质量形成的实质和核心。高速公路服务系统评价要全面包括三个要素的内容。

1. 服务条件质量评价

服务条件质量是高速公路系统提供的行车条件满足用户需求和社会需求程度,是服务质量形成的前提和基础。高速公路服务条件评价就是评价公路设施组成部分的状况和隐含要素的服务能力是否满足用户和社会需求。高速公路主体设施由路面、路基、桥涵构成,包含线形、视距、设计要素、通行能力等控制要素。评价时参照现有的公路工程技术标准、公路工程养护质量标准、公路交通安全性评价指南、公路建设项目环境影响评价规范等,分别衡量高速公路设施的组成部分和隐含要素符合规范和满足用户需求属性的程度。

2. 服务环境质量评价

服务环境质量是高速公路系统为用户提供的行车环境满足用户需求和社会需求的程度,是服务质量的重要组成部分。高速公路服务环境评价就是评价公路系统的附属设施和路外环境是否满足用户和社会的需求。高速公路附属设施包括安全设施、服务性设施、收费设施、管理设施;路外环境主要指行车视距范围内与公路系统密切相关的环境。评价时参照相应规范,分别衡量附属设施和周边环境符合规范和满足用户需求属性的程度。

3. 服务活动质量评价

服务活动质量是高速公路系统为用户提供的运管活动和用户行车状况满足用户需求和社会需求的程度,是服务质量的核心和保障。高速公路服务活动质量评价就是评价公路部门运管活动和用户行车过程是否满足用户和社会的需求。高速公路部门的运管活动包括养护管理、路政管理、收费管理、交通管理、监控通信管理、信息服务管理、人文服务管理、外延服务管理,车辆行驶状况包括车辆运营成本、交通流状况、交通安全状况、行车舒适性、行车外部性。评价时参考相应规范,分别衡量高速公路部门的运管活动和用户行车符合规范和满足用户需求属性的程度。

高速公路服务质量评价从供给质量评价和用户满意度评价两条路径出发,包含服务条件、服务环境、服务活动三个要素,体现可靠性、安全性、便捷性、经济性、舒适性五个特性。两条路径形成了服务质量评价的"两条链",三个要素构成服务质量评价的"三项内容",五个特性组成服务服务质量评价的"五个轮子"。高速公路服务质量由五个轮子驱动,由两条链连接,三个要素组成,形成一个综合的质量评价框架体系。评价框架体系如图 5-9 所示。

5.3 高速公路服务系统评价体系构建

根据评价主体的不同,高速公路服务质量可分为供给质量和需求质量。供给质量以生产者为导向,是生产者对其提

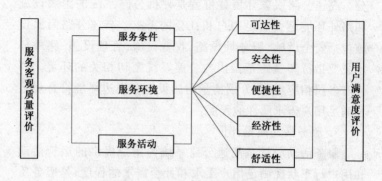

图 5-9　高速公路服务质量评价框架

供的服务的度量。需求质量以消费者为导向,是用户对其接受服务的度量,又称为用户感知质量。高速公路服务是提供行车条件、行车环境和运营管理活动满足用户的行车需求,而设施、设备、环境具有有形的物理特性,运营管理活动具有标准化的操作流程,用户行车状况具有量化的外部特征,所以高速公路服务质量具备采用客观、定量考核的条件。因此,高速公路管理部门或运营企业可以制定客观标准或规范,再用标准或规范衡量其提供的服务到达什么样的水平,这就是供给质量评价。另一方面,用户作为高速公路服务的消费者,根据行车实际感知绩效与行车期望的比较形成自己对高速公路服务的主观度量——感知服务质量和满意度。高速公路管理部门或运营企业可以通过用户满意度调查,考察用户的感知质量和满意程度,这就是需求质量评价。

　　服务提供者和用户参与高速公路服务的动机不同(提供者以追求利润或效益为目的,用户以满足交通需求为目的)、掌握的信息不同导致两个主体对高速公路服务的理解上存在不一致,这种不一致必然导致质量理解上的差异,使供给质量评价与用户满意度评价之间的存在差异。高速公路运营单位或管理者认为质量优异的服务,用户却未必满意。

正是由于供给质量与用户感知质量之间存在差距,完整的高速公路服务质量应该将供给质量评价和用户满意度评价统一起来。供给质量评价具有客观、定量的特点,能够避免评价者主观偏好的影响,但其出发点是基于提供者,无法避免提供者与用户需求间的差距;需求质量基于用户,能够直接衡量用户的意见,但用户的主观性、服务的差异性使需求质量评价结果较难稳定。故将二者结合起来,互为补充,能有效地避免两类评价的缺陷,使评价结果更全面、科学、准确;同时,通过分析两条路径评价结果的差距的实质所在,可以帮助高速公路部门更好地理解用户需求。

5.3.1　构建评价指标体系的思路

对高速公路服务质量进行定量评价研究,首先要建立一套把系统要素及影响因素进行量化的指标体系。根据指标体系对高速公路交通系统进行监测、分析、评价等研究,为提高高速公路交通服务质量提供决策、支持,使高速公路服务质量提高不偏离道路使用者对服务质量需求发展的正确轨道。同时,通过衡量评价指标体系的监测结果,了解高速公路服务质量系统现状所达到的程度,对其发展水平进行纵向与横向分析比较,以便发现问题,检验发展的方向。总之,建立高速公路服务质量评价指标体系,是将高速公路服务质量分析理论从定性分析阶段向定量阶段转变的必要条件。

构建高速公路服务质量评价指标体系的思路:指标体系的建立主要是指标选取及指标之间结构关系的确定。对于高速公路系统,指标的选取和指标关系的确定,既要求对高速公路所涉及的专业领域的知识、系统评价理论等有准确的把握,又要求必须具备丰富的应用研究经验。因此,高速公路服务质量系统指标体系的建立过程应该是定性分析和定量研究的相互结合。定性分析主要是从评价目的和原则出发,考虑评价指标的完备性、针对性、稳定性、独立性以及指标与评价方法的协调性等因素,主观确定指标和指标结构的过程。定量研究则是指通过一系列检验,使指标体系更加科学和合理的过程。因此,指标体系的构造过程可分成两个阶段,即指标初选的过程和指标完善的过程。

(1)指标体系的初选。指标体系的初选方法有综合法和分析法两类。

综合法是指对已存在的一些指标群按一定的标准进行聚类,使之体系化的一种构造指标体系的方法。如在一些拟定的指标体系基础上,作进一步归类整理,使之条理化后形成一套指标体系。分析法是指将度量对象和度量目标划分成若干部分,并逐步细分,直到每一部分都可以用具体的统计指标来描述、实现。

(2)指标体系的完善。初选后的指标体系未必是满意的,还必须对初选的指标体系进行完善化处理。测验每个指标的数值能否获得,哪些无法或很难取得准确资料的指标,或者即使能取得但费用很高(高于指标体系本身所带来的社会与经济效益)的指标,都是不可行的。以及测验每个指标的计算方法、计算范围及计算内容的正确性。同时,对指标体系中指标的重要性、必要性及完备性进行分析。

5.3.2 评价指标体系的建立原则

通过第 4 章分析可知,影响高速公路服务质量的是一个多因素、多层次的复杂结构体系,它不仅具有鲜明的层次性,从纵向可层层分解,而且各种因素之间又存在着错综复杂的关系。如果要对所有的影响因素进行调查与评价,结果可能达不到评价的真正效果,也是没有必要的。从目前我国高速公路运行现状来看,其中涉及某些因素细节的问题还没有充分暴露出来,因此,应选择对服务质量影响较大的因素来进行评价。因素评价指标的选择既要反映高速公路服务质量的特性,又要全面反映服务质量的效果,不仅能对评价对象进行科学、准确和客观的描述,同时还要具有实用的价值。

由高速公路服务质量的概念、内涵可见,要进行高速公路服务系统评价工作,首先需要有一些能够科学、全面地描述高速公路服务质量实际状况的参数或物理量,即高速公路服务质量评价的指标体系。基于高速公路服务质量内涵的广泛性及其系统的复杂性,构建高速公路服务系统评价指标体系应遵循如下原则:

(1)目的性原则

设立高速公路服务质量评价指标其目的是为了反映高速公路的服务质量的状况,定量、定性地反映高速公路服务质量的状况。通过综合指标体系来为服务质量的改善与提高提供数据信息与咨询支撑。

(2)系统性原则

指标体系要能全面反映被评价对象的综合情况,从中抓住主要因素,既能反映直接效果,又能反映间接效果。由于高速公路服务质量是一个涵盖多因素、多目标的复杂系统,其内部又包含诸多相互影响、相互作用的能提供相对独立功能的服务设施,因此,评价指标体系应力求全面反映服务质量的综合情况,既能反映高速公路内部各服务设施的适应性,又能正确评估高速公路系统与外部交通环境的关联,可以从系统的角度对服务质量的现状进行综合评价。

(3)简明性原则

选择的指标应尽可能简单明了,并具有代表性,能够准确清楚地反映问题。反映高速公路服务质量的特征指标很多,评价指标虽然要求全面,但并不是越多越好。指标的设置要围绕评价目的有针对性地加以选择,每个指标的含意应科学明确,代表特征要清楚,且相互之间不应有交叉和重叠。

在满足全面性的前提下,指标体系应尽可能简洁明晰,具有典型性,这样才不至于给评价、分析比较造成困难和混乱。

(4)可比性原则

在确定高速公路服务质量评价指标和标准时,应考虑地理空间及服务对象需求特性的差异及其影响,在选择单个指标的过程中,注重合理地选用相对指标与绝对指标,使得高速公路服务质量的评价不仅适合于特定高速公路需求与供给的评价,也适应于不同地区高速公路之间的横向比较。

(5)层次性原则

在高速公路服务质量的评价中,既需要针对单个分系统来进行评价,又需要针对高速公路系统进行评价,以使得评价结论更为全面和完善,因而在指标体系设置中亦需分层次来设置指标体系。

(6)适用性原则

设置指标的目的,是为分析评价服务,因此所选的指标不仅应有明确的含意,而且要有一定的外在表达形式,是能够计算或观察感受到的,这样才能在实际工作中应用。任何理论上再科学合理的指标,如果不能测度,也就没有实际的意义。所以评价指标的设置,还应考虑能够尽可能利用已有的或常规的统计数据和调查方法加以确定,从而保证指标的适用性和有效性。

(7)可操作原则

评价指标体系,力求达到层次清晰、指标精炼、方法简洁,使之具有实际应用与推广价值。为此,选取的指标要具有可操作性,设立高速公路服务质量评价指标时,应根据目前高速公路运营道路状况、交通运行状况、管理系统实际环境、安全性能等,本着实用、可行来设计,最大限度地方便将来的实际应用和操作。在具体指标的设立上,指标应含义明确且易于被理解,指标量化所需资料收集方便,能够用现有方法和模型求解。另一方面,可操作性也体现了获得指标所付出的成本与它所能带来的实际收效之间的关系。如果对于某些指标而言,收集相关资料、汇总、分析的过程相当繁琐,成本较大,或目前的技术水平还无法收集该指标数据,则应考虑其是否有必要设立。

根据上述 7 个原则,进行高速公路服务质量评价指标体系的构建。

5.3.3　评价指标体系的结构

根据高速公路服务质量的系统分析理论,运用评价指标体系建立思路和原则,可建立高速公路服务质量评价指标体系结构。如图 5-10 所示。

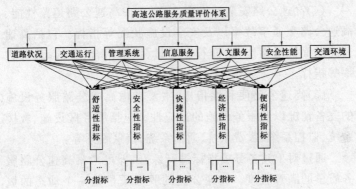

图 5-10　高速公路服务质量评价指标体系结构

由图 5-10 可以看出,这一指标体系在公路内反映高速公路实体质量和功能质量,在公路外反映其外观质量和社会质量,在整体上反映了高速公路人、车、路、环境系统型特征,在层次上反映其功能和特征,并且包含了高速公路服务质量影响因素的各个方面。主要指标简述如下:

(1)高速公路舒适性指标:包括高速公路道路状况指标、交通运行指标和交通管理与交通环境等。如:高速公路路面平整度、交通运行速度、曲线半径、交通噪声、高速公路绿化等指标,以及高速公路运营管理系统的协调性、安全设施的完善程度、养护管理体系的保证程度及人文服务程度等。

(2)高速公路经济性指标:包括适应性指标、交通运行指标和功能性指标。综合考虑了高速公路运营减少旅客在途时间占用的价值、汽车行驶费用的节约、高速公路增加桥梁与隧道缩短了道路使用者的旅程、降低高速公路使用者支付行驶的费用,减少交通事故、环境污染、能源消耗等外部的经济效益等指标。

(3)高速公路快捷性指标:主要考虑高速公路运行状况指标、管理系统指标及道路状况指标,包括公路交通安全性指标,速度指标,交通拥挤度指标,管理水平等指标。

(4)高速公路安全性指标:主要考虑高速公路道路性能、高速公路交通事故率以及安全设施状况等指标。包括高速公路路面抗滑性能、路面行驶质量、线形组合、事故率、死亡率等指标。

(5)高速公路便利性指标:主要考虑高速公路服务设施的完备情况以及服务设施的适应性。包括服务区设施、救援系统、监控系统、收费系统、通信系统、信息服务等。

通过对上述各分项指标进行综合,即可考察高速公路服务质量的满意程度。高速公路的服务质量是一个动态的概念,其指标体系和评价内容将会随着时间的推移发生变化,道路使用者的需求也会发生变化,其评价理论与方法也会得到不断完善。

5.3.4　评价指标体系的建立

根据高速公路服务质量影响因素的分析,按照高速公路服务质量评价指标体系结构,结合研究现状和已有研究成果,提出高速公路服务质量的评价指标体系,见表5-9。

表 5-9　高速公路服务质量评价指标体系

指标名称		具体指标
高速公路服务质量（A）	道路状况（B_1）公路技术状况 C_{11}	路面状况、路面强度、行驶质量、车辙深度、抗滑性能、路基状况、构造物状况、沿线设施状况
	道路几何参数 C_{12}	停车视距、横断面、平曲线半径、纵坡
	道路线形组合 C_{13}	平面线形组合、纵面线形组合、平纵面线形组合、视觉与景观协调程度
	交通运行（B_2）区间车速 C_{21}	
	交通密度 C_{22}	
	交通拥挤度 C_{23}	
	车辆混入率 C_{24}	
	车辆运营费用 C_{25}	汽车油耗、通行费
	管理系统（B_3）收费系统 C_{31}	收费站通行能力、收费站车道数、收费自动化程度
	服务系统 C_{32}	服务区间距、服务设施完善率、服务区商品价格
	监控系统 C_{33}	监控设施完善率
	救援系统 C_{34}	人员急救、车辆救援、救援装置
	管理水平 C_{35}	累积封路率、用户投诉率、用户投诉处理率、工作人员服务水平
	信息服务（B_4）信息服务水平 C_{41}	信息提供水平
	人文服务（B_5）人文服务程度 C_{51}	人文服务满意度

	指标名称		具体指标
高速公路服务质量(A)	安全性能(B_6)	安全设施 C_{61}	交通标志、道路标线、中央分隔带、隔离栅、防护设施、防眩设施、诱导标志、道路照明
		交通事故率 C_{62}	
	交通环境(B_7)	尾气 C_{71}	
		交通噪声 C_{72}	
		道路绿化 C_{73}	

第6章　高速公路服务系统评价方法

高速公路服务系统评价属于多指标综合评价方法,该方法是把多个描述被评价事物不同方面且量纲不同的统计指标,转化成无量纲的相对评价值,并综合这些评价值得出对该事物一个整体评价的方法系统。国内外关于多指标综合评价的方法很多,按大类可分为常规多指标综合评价方法、模糊综合评判方法和多元统计综合评价方法等。虽然方法各异,但其评价原理和步骤基本一致。因此,高速公路服务质量综合评价方法流程图如图 6-1 所示。

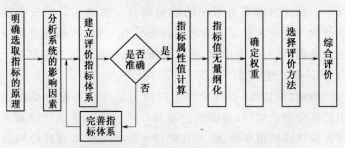

图 6-1　高速公路服务系统综合评价方法流程图

6.1　评价方法概述

6.1.1　选择评价方法应遵循的原则

要进行高速公路服务系统评价,提出评价方法,首要是确定评价方法所必须遵循的原则。这样可以使评价指标的建立更具有目的性,使评价方法更容易被人们所接受。

选择评价方法时应遵循以下四项原则:

1. 科学性原则

所谓"科学性"指评价方法能够真实地反映事物的本质，体现评价对象的性能科学合理，客观公正。只有坚持科学性的原则，评价才具有可靠性与客观性，评价结果才具有可信性。

2. 可行性原则

所谓"可行性"指评价方法切实可行。这就包括对基础数据的要求要切实可行，即应选择尽可能少且易得到的数据进行评价。也包括评价过程的切实可行，即评价过程应清晰明了，易于操作。只有坚持可行性原则，评价的方法才容易为基层服务，被使用部门接受。

3. 实际性原则

所谓"实际性"指评价方法应紧密联系实际，应能体现我国目前高速公路服务系统的运营现状。脱离实际情况去建立评价方法毫无意义。只有坚持实际性原则，才能通过评价得出准确的结论，为治理、整改措施的实施提供可靠的依据。

4. 可比性原则

所谓"可比性"指评价方法可以对高速公路服务系统做出公正合理的比较，进而做出评判。可比性是建立评价方法和评价体系的重要标准，只有坚持可比性才能实现评价的目的，从而揭示事物的本质。

6.1.2 评价方法比选分析

对复杂对象的多指标综合评价方法，由于其涉及因素众多，而且各因素的描述方式不同，有的可以定量描述，有的则只能采用半定量或定性方式描述。为了综合考虑多种因素对系统做出一个总体的评价和判决，我们需要采用综合评判，这样才能做出比较全面、客观的评价，也就是所谓的综合评价。即人们根据不同的评价目的，选择相应的评价形式，据此选择多个因素或指标,并通过一定的数学模型,将多个评价因素或指标转化为能反映评价对象总体特征的信息。

1. 主成分分析法

把多项评价指标综合成少数几个主成分,当评价指标间的相关性高时,这种方法能消除指标间的信息重叠。这种方法适用于样本数较多的综合评价,而且该方法过分依赖于客观数据。

2. 德尔菲(Delphi)法

德尔菲(Delphi)法也即专家咨询法,就是对复杂的决策问题在评价过程中征求和收集有关专家的意见,通过规范化程序,从中提取出最一致的信息,利用专家的知识、经验来对系统进行评价。采用德尔菲(Delphi)法专家成员的人数一般以 20～50 人为宜,并且不要求成员面对面的接触,仅靠成员的书面反映。

德尔菲(Delphi)法是对专家的意见进行统计处理、归纳和综合,然后进行多次信息反馈,使成员信息逐步集中,从而做出群的比较正确的判断。由于德尔菲(Delphi)法需要的专家较多,而且评价结果完全依靠专家们的主观意愿决定,因此具有很大的主观性,在一定程度上具有不可靠性。

3. 灰色关联度法

灰色关联度法是由样本资料确定一个最优参考序列,通过计算各样本序列与该参考序列的关联度,综合分析评价目标,适用于对外延明确,内涵不明确的对象进行评价。

4. 层次分析法(AHP)

层次分析法首先根据问题的性质和要求达到总的目标,把问题层次化,建立起一个有序的递阶系统,对系统中有关因素进行两两比较评判,通过对这种比较评价结果的综合计算处理,最终把系统分析归结为最底层相对于最高层的相对重要性权重的确定问题。这种方法的缺陷就是评价结果很大程度上受人的主观意志所决定,而且只能解决排序问题。

5. 模糊综合评价法

在客观现实中存在着许多模糊的概念,没法给出一个精确的值来判断,例如人的高矮、好坏。模糊综合评判方法就是针对这样的问题提出的,它利用模糊数学的基本原理来考察无定量化的评价对象,应用模糊关系合成的原理,从多个因素对被评判事物隶属等级状况进行综合性评判的一种方法。

6. 基于 AHP 的多级模糊综合评价法

基于层次分析法(AHP)的多级模糊综合评价方法,集成了模糊评价与层次分析法的双重优点,以模糊理论为基础,将系统评价中一些边界不清、不易定量的因素定量化。在具体评价中,各定性评价指标的量化,采用专家咨询方法,而在建立评价指标权重集时,采用层次分析法,这样可以更加科学合理地体现指标重要性程度及指标之间的差异性程度。

近几年,人们根据神经网络具有较强的模式识别能力,对神经网络应用于综合评价的方法进行了探讨。该方法避免了确定指标权重时的主观性,并通过对给定样本模式的学习,获取评价专家的经验、知识、主观判断及对目标重要性的倾向,当需对样本模式以外的对象系统作出综合评价时,该方法便可再现评价专家的经验、知识和直觉思维,从而实现定性分析与定量分析的有效结合,也较好地保证了评价的客观性。但由于目前难以获得神经网络的学习样本,因此难以用神经网络来进行评价。

对于常用的综合评价方法,通过对不同评价方法的对比,现将部分常用综合评价方法汇总如下,具体内容见表6-1。

表 6-1　常用的综合评价方法比较

方法类别	方法名称	方法描述	优点	缺点	适用对象
定性评价方法	专家会议法	组织专家面对面交流，通过讨论形成评价结果	操作简单，可以利用专家的知识，结论易于使用	主观性比较强，多人评价时结论难收敛	战略层次的决策，分析对象，不能或难以量化的大系统，简单的小系统
	Delphi法	征询专家，用信件背靠背评价，汇总、收敛			
技术经济分析方法	技术经济分析法	通过价值分析，成本效益分析，价值功能分析，采用 NPV，IRR，T 等指标	方法的含义明确，可比性强	建立模型比较困难，只适用评价因素少的对象	大中型投资与建设项目，企业设备更新与新产品开发效益等评价
	技术评价分析法	通过可行性分析，可靠性评价等			
运筹学方法	多属性和多目标决策方法	通过化多为少、分层序列、直接求非劣解、重排次序法来排序与评价	对评价对象描述比较精确，可以处理多决策者、多指标、动态的对象	刚性的评价，无法评价有模糊因素的对象	优化系统的评价与决策，应用领域广泛
	数据包络分析模型	以相对效率为基础，按多指标投入和多指标产出，对同类型单位相对有效性进行评价，是基于一组标准来确定相对有效生产前沿面	可以评价多输入多输出的大系统，并可用"窗口"技术找出单元生弱环节加以改进	只表明评价单元相对发展指标，无法表示出实际发展水平	评价经济学中生产函数的技术、规模有效性，产业的效益有效性，教育部门的有效性

续上表

方法类别	方法名称	方法描述	优点	缺点	适用对象
统计分析方法	主成分分析	相关的经济变量间存在起着支配作用的共同因素，可以对原始相关矩阵内部结构研究，找出影响某个经济过程的几个不相关的综合指标来线性表示原来变量	全面性，可比性，客观合理性	因子负荷符号交替使得函数需要大量的统计数据，没有反映客观明确数观发展水平	对评价对象进行分类
	因子分析	根据因素相关性大小把变量分组，使同一组内的变量相关性最大			反映各类评价对象的依赖关系，并应用于分类
	聚类分析	计算对象或者指标间距离或者相似系数，进行系统聚类	可以解决相关程度大的评价对象		
	判别分析	计算指标间距离，判断所归属的主体		只能用于静态评价	新产品开发设计与结果，交通系统安全性评价等

续上表

方法类别	方法名称	方法描述	优点	缺点	适用对象
系统工程方法	评分法	对评价对象划分等级,打分,再进行处理	方法简单,容易操作	只能用于静态评价	新产品开发计划与结果、交通系统安全性评价等
	关联矩阵法	确定评价对象与对象与权重,对各替代方案有关评价项目确定价值量			
	层次分析法	针对多层次结构的系统,用相对量的比较,确定多个判断矩阵,取其特征根所对应的特征向量作为权重,最后综合出总权重,并目排序	可靠度比较高,误差小	评价对象的因素不能太多(一般不多于 9 个)	成本效益决策、资源分配次序、冲突分析等
模糊数学方法	模糊综合评价	引入隶属函数实现,把人类的直觉数具体隶属系数,在论域上评价对象属性值的隶属度,并将约束条件值化表示,进行数学解答	可以克服传统数学方法中"唯一解"的弊端。根据不同可能性得出多个层次的问题,具备可扩展性,符合现代管理中"柔性管理"的思想	不能解决评价指标间相关造成的信息重复问题,模糊相关矩阵等数的确定方法有待进一步研究	消费者偏好识别、决策中的专家系统、证卷投资评分析、银行项目贷款对象识别等。拥有广泛的应用前景
	模糊积分				
	模糊模式识别				

续上表

方法类别	方法名称	方法描述	优点	缺点	适用对象
对话式评价方法	逐步法 序贯解法 Geoffrion 法	用单目标线性规划法求解同题，每进行一步，分析者把计算结果告诉决策者来评价结果。如果认为已经满意则迭代停止；否则再根据决策者意见进行修改和再计算，直到满意为止	人机对话的基础性思想，体现柔性化管理	没有定量表示出决策者的偏好	各种评价对象
智能化评价方法	基于 BP 人工神经网络的评价	模拟人脑智能化处理过程的人工神经网络技术，通过 BP 算法，学习或训练获取知识，并存储在神经元的权值中，通过联想把相关信息复现。能够"揣摩""提炼"评价对象本身的客观规律，进行对相同属性对象的评价	网络具有自适应能力，可容错性，能够处理非线性、非局部性与非凸性的大型复杂系统	精度不高，需要大量的训练样本等	应用领域不断扩大，涉及银行贷款项目、股票价格的评估、城市发展综合水平的评价等

续上表

方法类别	方法名称	方法描述	优点	缺点	适用对象
灰色系统理论	灰色关联度评价、灰色聚类分析方法	灰色系统理论是中国学者邓聚龙教授首先提出的,灰关联度评价是根据分析系统的各特征量序列参量同的几何相似或变化态势的接近程度来判断其关联程度的大小	能够处理信息部分明确、部分不明确的灰色系统,所需的数据量不是很大,可以处理相关性大的系统	定义时间变量几何曲线相似程度比较困难;同时应该考虑所选择的变量应该具备可比性	应用领域包括企业的经济效益评价、农业发展水平评估、国防竞争力测算、工程领域等
其他	物元分析方法与可拓评价	物元分析的数学基础是可拓集合论,用关联函数表示元素和集合的可变属性;通过物元变换和可拓集子集域的计算,求得给定问题的相容度,用于判断和评价	解决评价对象的指标存在不相容性和可变性的问题,有助于从变化的角度识别变化中事物,运算简便,物理意义明确,直观性好	关联函数形式不能规范,难以通用	应用领域包括产品质量的综合评价、企业信用等级评价、项目评估等

6.2　评价方法的确定

在现实世界中,由于客观事物发生的时间、程度等多具有随机性,而人们从量的角度对事物的认识和反映带有模糊性,这样使得人们把客观存在着的事物划分为确定性和不确定两大类,而不确定性又可分为随机性和模糊性,由此而产生的问题可分为三类:

(1)确定性问题。

(2)具有随机的不确定性问题。

(3)具有模糊的不确定性问题。

从数学的角度,确定性问题可用经典的数学方法来分析处理;具有随机性的不确定性问题可通过统计数学来解决;而模糊性的不确定性问题,可依赖于模糊数学方法来处理。

高速公路交通系统是一个复杂的动态系统,其交通运行带来的问题在许多情况下表现为一种模糊现象。比如,通常所说的"拥挤"就是一种模糊现象,不可能用精确的公式和数学表达它,而只能通过隶属函数来表达对这一模糊现象的"接近程度"。从影响高速公路交通服务质量的因素来看,有的能够定量分析确定,有的只能通过定性描述加以补充。而这些定量因素与定性因素的综合效果反映了道路交通服务质量的优劣。鉴于影响因素的复杂性、评定标准的人为性以及人们思维过程的模糊性,从分析评价目标的影响因素入手,宜采用模糊数学方法来研究。采用模糊数学方法进行定量分析和评价时,可以全面地考虑各种因素的影响,恰当考虑各种因素的不同重要程度,并可根据问题的出发点的不同而灵活调整计算方法,从而使评价建立在较为严谨的数学模型基础上,使得结果更为客观、合理,更有说服力。

模糊数学应用在评价多因素、多层次的复杂问题上,是其他数学分支和模型难以取代的方法。但是,评价的结果是否客观准确,很大程度上取决于各评价指标权重确定的客观性。权重是在给定条件下度量各影响因素指标相对重要程度的量,一般权重的确定方法主要有专家估测法、频数统计分析法、主成分分析法、统计回归相关分析法和层次分析法等。其中专家估测法和频数统计分析法,主要依靠专家的主观判断,对专家的人数、层次、知识、经验等各方面要求较高,否则很难准确反映客观实际。而主成分分析法和统计回归相关分析法则需大量的原始数据,这在我国目前是难以做到的。因此,在确定评价指标体系的层次因素权重时,采用了将专家咨询和层次分析法相结合的方法。

根据我国高速公路的建设发展,从现实性和可行性两方面考虑,采用专家咨询、层次分析法和模糊理论相结合的方法,对高速公路服务系统质量进行定量分析与评价。

6.3 模糊综合评价方法

模糊综合评价法就是将模糊理论与层次分析法(AHP)相结合而形成的一种系统综合评判方法,它集成了模糊与层次分析法的双重优点,以模糊理论为基础,应用模糊原理,将一些边界不清、不易定量的因素定量化。在具体评价中,各定性评价指标的量化,采用专家咨询及模糊集统计理论,而在各评价指标权重的确定中,采用层次分析法。用这种评价方法对高速公路服务系统进行评价可以同时达到如下目的:①通过高速公路服务质量标准模式(级别)的确定,可以判别高速公路服务质量系统发展的状况;②可以进行不同高速公路之间或同一高速公路不同时期,高速公路服务质量发展状况的比较。高速公路服务质量是一个动态的发展过程,在一定时期内,各评价指标具有一定的、相对稳定的发展目标。因此,可以根据高速公路交通服务质量系统的实际情况与特点,制定评价指标体系的多级标准值,以便将指标的实际监测值与各级标准值进行比较，来评价高速公路服务质量系统达到的程度。

　　模糊综合评价方法包含六个基本要素：①评价因素论域 U，U 代表综合评价中各评判因素所组成的集合；②评语等级论域 V，V 代表综合评价中评语所组成的集合；③模糊关系矩阵 R，R 是单因素评判的结果，模糊综合评价所综合的对象正是 R；④评价因素权向量 A，A 代表评价因素在被评事物中的相对重要程度，它在综合评价中用来对各指标值作加权处理；⑤合成算子，合成算子指合成 A 与 R 所用的计算方法，也就是合成方法；⑥评价结果向量 B，它是对每个被评价对象综合状况分等级的程度描述。

　　设给定两个有限论域：

$$U = \{u_1, u_2, \cdots, u_n\} \text{ 和 } V = \{v_1, v_2, \cdots, v_m\}$$

其中，U 代表综合评价的因素所组成的集合；V 代表评语所组成的集合。综合评价可用模糊数学语言描述成 $B = A \cdot R$，其中 A 为因素权重集，是因素集 U 上的模糊子集；R 为模糊评判矩阵，描述因素集 U 与评价集 V 之间的关系；B 为模糊综合评价集，表示最终评价结果的集合。

　　由此可看出，模糊综合评价方法有以下几个步骤：

　　（1）建立评价因素集

　　因素集是指由影响评价对象取值的各因素组成的集合，因素集是普通的集合，用字母 U 来表示。评价指标的选取要科学合理，这是模糊综合评价能否准确的关键，因此因素集的选择要具备完备性，又要重点突出。若考虑因素过多过细，确定诸因素的权重时可能出现过小，甚至为零的情况，因此需作必要的筛选。

　　（2）确定评价标准集

　　评价集是由对评判对象可能作出的评判结果所组成的集合，可表示为：

$$V = \{v_1, v_2, \cdots, v_m\}$$

其中元素 $v_j (j=1,2,3,\cdots,m)$ 是若干可能作出的评判结果,即评价等级。评语等级论域 V 的确定,使得模糊综合评价得到了一个模糊评价向量,被评事物对应各评语等级隶属度的信息通过这个模糊向量表示出来,体现评价的模糊特性。模糊综合评价的目的就在于通过对评价对象综合考虑所有影响因素,能够从评价集 V 中获得一个最佳评判结果。

将评判等级取为5个,即:

$$V = \{v_1, v_2, \cdots, v_m\} = \{好,较好,一般,较差,差\}$$

(3)建立评价指标权重集

权重是指各因素在评价中对评价目标所起作用的大小程度。由于各因素影响评价对象取值的重要程度不尽相同,为此,对各因素要赋予相应的权数 $a_i (i=1,2,\cdots,n)$。用权重来反映各评价因素对评价对象影响程度的大小,各权数组成的集合为 $A = \{a_1, a_2, \cdots, a_n\}$,$A$ 称为因素权重集,通常应满足归一性和非负性条件,即:

$$\sum_{i=1}^{n} a_i = 1 \text{ 且 } a_i \geqslant 0$$

评价指标权重系数的确定十分重要,它可以直接影响到综合评价结果,对于带有定性指标的指标体系的赋权方法,目前较为有效的是层次分析法(AHP),因此采用层次分析法确定指标权重。

(4)确定各评价指标的隶属函数

隶属函数是模糊数学中最重要也是最基本的概念,有了隶属函数以后,人们就可以把元素对模糊集合的归属程度恰当地表示出来(即隶属度)。运用隶属函数,可以表示出事物性质的模糊性。隶属度表示因素集 U 与评价集 V 之间的模糊关系,其中 $r_{ij} (0 \leqslant r_{ij} \leqslant 1)$ 为 U 中因素 u 对应 V 中等级 v 的隶属关系,即 u_i 因素着眼被评对象能被评价为 v_j 等级的程度,也就是 u_i 因素对等级 v_j 的隶属度。根据评价指标值便可得到各评价指标隶属于各等级的隶属度 r_{ij},从而可得到单因素评价矩阵 R:

$$R = \begin{bmatrix} R_1 \\ R_2 \\ \vdots \\ R_n \end{bmatrix} = \begin{bmatrix} r_{11} & r_{12} & \cdots & r_{1m} \\ r_{21} & r_{22} & \cdots & r_{2m} \\ \vdots & \vdots & \vdots & \vdots \\ r_{n1} & r_{n2} & \cdots & r_{nm} \end{bmatrix}$$

(5)综合评价

$B = A \cdot R$,B 表示被评判事物在评语结合上的综合评价结果。在模糊评价中,需采用合适的模糊算子以达到既考虑全面又兼顾重点的目的。模糊综合评判的结果是被评事物对各等级模糊子集的隶属度,它构成一个模糊向量,而不是一个点值。因此,可以通过最大隶属度原则、加权平均原则、模糊向量单值化等方法进一步处理,从而得出一个比较直观的解释或明确的评判。

对于评价对象,模糊综合评价结果为:

$$A \cdot R = (a_1 \quad a_2 \quad \cdots \quad a_n) \begin{bmatrix} r_{11} & r_{12} & \cdots & r_{1m} \\ r_{21} & r_{22} & \cdots & r_{2m} \\ \vdots & \vdots & \vdots & \vdots \\ r_{n1} & r_{n2} & \cdots & r_{nm} \end{bmatrix}$$

$$= (b_1 \quad b_2 \quad \cdots \quad b_n) = B$$

值得说明的是,由于高速公路服务质量评价的复杂性,评价性指标体系具有多层次性,因此,在进行模糊识别评价时,可分层次进行,最后综合评价。

第7章　高速公路服务系统评价标准

7.1　高速公路服务系统评价指标体系构成

　　根据高速公路服务质量的目标,结合高速公路服务质量的实际情况,在指标设置上突出重点,切合实际,选择关键性、有代表性的指标。为此,对前述章节各评价指标进一步筛选,精选出 30 个指标。具体办法是,利用模糊数学确定隶属度的方法,对原各指标制成咨询问卷,征求有关专家的意见,请每位专家根据自己的经验和研究选择出其认为最重要的指标。这些专家主要来自高等院校、科研院所、公路管理、交通运输等科研和政府部门。综合各位专家的意见,其综合结果既代表专家个人的价值观,又在总体上基本反映了社会整体的价值观。最后,结合高速公路管理部门统计资料的可采集性进行调整,确定出 30 个指标。具体指标体系构成见表 7-1,它是一个由目标层、准则层、指标层构成的递级层次体系,其中目标层由准则层加以反映;准则层由具体评价指标层加以反映。

　　(1)目标层

　　高速公路服务质量作为目标层的综合指标,在时间尺度上反映高速公服务质量系统的规划、建设、管理、养护的发展状况和发展态势;在空间尺度上反映速公路道路状况、服务设施和管理体系的优化特征;在数量上反映了高速公路服务质量系统的总体规模和发展水平;在质量尺度上反映高速公路服务质量系统综合服务功能、服务能力。在总体上综合反映高速公路服务质量的状况。

（2）准则层

①道路状况（B_1）。道路是行车的载体,道路状况是交通服务质量的基础。分别由公路技术状况、道路几何参数、道路线形组合三个指标来表征。

这三个指标所要考虑的具体参数包括路面状况、路面强度、行驶质量、车辙深度、抗滑性能、构造物状况、沿线设施状况、视距状况、平曲线状况、纵坡状况、曲线协调性以及视觉与景观协调度性等。

表 7-1　高速公路服务系统评价指标体系

	指标名称		具体指标
高速公路服务质量（A）	道路状况（B_1）	公路技术状况 C_{11}	路面状况、路面强度、行驶质量、车辙深度、抗滑性能、构造物状况、沿线设施状况
		道路几何参数 C_{12}	视距状况、横断面、纵坡
		道路线形组合 C_{13}	曲线协调性、景观协调性
	交通运行（B_2）	行车速度 C_{21}	
		拥挤度 C_{22}	
		车辆运营费用 C_{23}	通行费
	管理系统（B_3）	收费系统 C_{31}	收费排队时间
		服务系统 C_{32}	服务区间距、服务设施质量
		监控系统 C_{33}	监控设施完善率
		救援系统 C_{34}	应急事件反应能力
		管理水平 C_{35}	累积封路率、用户投诉处理率
	信息服务（B_4）	信息服务水平 C_{41}	信息服务提供水平
	人文服务（B_5）	人文服务程度 C_{51}	工作人员服务满意度
	安全性能（B_6）	安全设施 C_{61}	标志标线完善率、防护设施完善率
		交通事故率 C_{62}	
	交通环境（B_7）	尾气 C_{71}	
		交通噪声 C_{72}	
		道路绿化 C_{73}	

②交通运行（B_2）。交通运行是高速公路交通服务质量的主题。分别由行车速度、交通拥挤度、车辆运营费用等指

标来反映。

③高速公路管理系统(B_3)。高速公路的管理系统是高速公路道路交通服务质量的重要保障,是影响因素体系不可分割的组成部分,高速公路特性的体现不仅是由于高速公路具有高标准线形,而更重要的是具备现代化的交通管理系统。分别由收费系统、服务系统、监控系统、救援系统和管理水平等方面的指标来反映。

④信息服务水平(B_4)。高速公路交通信息服务系统作为智能交通系统(ITS)的一部分,其本质是运用各种技术使出行者在出行的全过程中能够及时、准确、方便地掌握影响其出行行为的信息,为出行者提供多方位、高质量的出行服务,提高交通安全水平,缩短出行时间,使得交通出行更加顺畅、平稳。由信息服务提供水平来反映。

⑤人文服务(B_5)。高速公路的服务应是在确保安全、畅通、快捷的基础上,通过员工熟练的工作技艺、真诚的微笑、友善的人际关系,勾勒出温馨、舒畅、满意的服务,形成“真诚与微笑”的核心服务理念,由工作人员服务满意度来衡量。

⑥安全性能(B_6)。高速公路的安全性能是影响高速公路交通服务质量的重要因素,是高效行车的先决条件,安全性能好,高速公路功能和优越性才能得以充分发挥与体现。分别由标志、标线、防护设施以及交通事故率等指标来表示。

⑦交通环境(B_7)。交通环境是车辆在运动过程中所处的一种特殊的环境,它由自然和人工创造的环境条件所构成,交通环境的好坏直接影响车辆的运行。分别由尾气、交通噪声、道路绿化等指标来表示。

7.2　高速公路服务系统具体评价指标

在确定的评价指标体系中,有些是定量指标,有些是定性指标,若不对指标的价值进行量化,将无法实现综合评价。

为使量化方法统一简便,对于定性指标用描述性语言说明划分,对于定量指标以具体参数值划分。相应地,评价结果分为五级,Ⅰ级表示最好的交通服务质量,Ⅴ表示最差的交通服务质量。一般认为高速公路交通服务质量达到Ⅱ以上水平时,是可以接受的状态,若低于Ⅱ级,就应该查找原因,寻找对策,采取改进措施。设评价集为 S,即 $S=\{Ⅰ,Ⅱ,Ⅲ,Ⅳ,Ⅴ\}=\{好、较好、一般、较差、差\}$ 五个等级。

7.2.1　道路状况

1. 道路质量状况

对于道路质量状况主要采用路面质量状况、路基状况、桥隧构造物状况及沿线设施状况来综合评价。

(1)路面质量状况指数(PQI)

路面质量状况的评价,选用路面损坏状况指数(PCI)、路面行驶质量指数(RQI)、路面车辙深度指数(RDI)、路面抗滑性能指数(SRI)、路面结构强度指数($PSSI$)五个指标综合考虑。

$$PQI = \omega_{PCI}PCI + \omega_{RQI}RQI + \omega_{RDI}RDI + \omega_{SRI}SRI$$

$$(7\text{-}1)$$

式中　ω_{PCI} —— PCI 在 PQI 中的权重,按表 7-2 取值;

　　　ω_{RQI} —— RQI 在 PQI 中的权重,按表 7-2 取值;

　　　ω_{RDI} —— RDI 在 PQI 中的权重,按表 7-2 取值;

　　　ω_{SRI} —— SRI 在 PQI 中的权重,按表 7-2 取值。

表 7-2　沥青混凝土路面 PQI 指标权重系数

评价指标	权重系数
ω_{PCI}	0.35
ω_{RQI}	0.40
ω_{RDI}	0.15
ω_{SRI}	0.10

注:其中路面结构强度指数 $PSSI$ 为抽样评定指标(20%以内),单独计算与评定,不再参与路面 PQI 计算。

①路面损坏状况指数（PCI）。路面损坏用路面损坏状况指数（PCI）评价。

$$PCI = 100 - a_0 DR^{a_1} \tag{7-2}$$

$$DR = 100 \times \sum_{i=1}^{i_0} \omega_i A_i / A \tag{7-3}$$

式中　DR ——路面破损率，为各种损坏的折合损坏面积之和与路面调查面积之百分比（%）；

A_i ——第 i 类路面损坏的面积（m^2）；

A ——调查的路面面积（调查长度与有效路面宽度之积，m^2）；

ω_i ——第 i 类路面损坏的权重；

a_0 ——沥青路面采用 15.00，水泥混凝土路面采用 10.66，砂石路面采用 10.10；

a_1 ——沥青路面采用 0.412，水泥混凝土路面采用 0.461，砂石路面采用 0.487；

i ——考虑损坏程度（轻、中、重）的第 i 项路面损坏类型；

i_0 ——包含损坏程度（轻、中、重）的损坏类型总数，沥青路面取 21，水泥混凝土路面取 20，砂石路面取 6。

②路面行驶质量指数（RQI）。路面平整度用路面行驶质量指数（RQI）评价。

$$RQI = \frac{100}{1 + a_0 e^{a_1 IRI}} \tag{7-4}$$

式中　IRI ——国际平整度指数；

a_0 ——高速公路和一级公路采用 0.026，其他等级公路采用 0.018 5；

a_1 ——高速公路和一级公路采用 0.65，其他等级公路采用 0.58。

③路面车辙深度指数（RDI）。路面车辙深度指数（RDI）按式（7-5）计算：

$$RID = \begin{cases} 100 - a_0 RD & (RD \leqslant RD_a) \\ 60 - a_1(RD - RD_a) & (RD_a < RD \leqslant RD_b) \\ 0 & (RD > RD_b) \end{cases}$$

$$(7\text{-}5)$$

式中　RD——车辙深度（mm）；

　　　RD_a——车辙深度参数，采用 20 mm；

　　　RD_b——车辙深度限值，采用 35 mm；

　　　a_0——模型参数，采用 2.0；

　　　a_1——模型参数，采用 4.0。

④路面抗滑性能指数（SRI）。路面抗滑性能用路面抗滑性能指数（SRI）评价。

$$SRI = \frac{100 - SRI_{\min}}{1 + a_0 e^{a_1 SFC}} + SRI_{\min} \qquad (7\text{-}6)$$

式中　SFC——横向力系数；

　　　$SRI_{\min}$——标定系数，采用 35.0；

　　　a_0——模型参数，采用 28.6；

　　　a_1——模型参数，采用 -0.105。

⑤路面结构强度指数（$PSSI$）。路面结构强度用路面结构强度指数（$PSSI$）评价。

$$PSSI = \frac{100}{1 + a_0 e^{a_1 SSI}} \qquad (7\text{-}7)$$

$$SSI = \frac{l_d}{l_0} \qquad (7\text{-}8)$$

式中　SSI——路面结构强度系数，为路面设计弯沉与实测代表弯沉之比；

　　　l_d——路面设计弯沉（mm）；

　　　l_0——实测代表弯沉（mm）；

a_0——模型参数,采用 15.71;

a_1——模型参数,采用 5.19。

公路技术状况评价中各项指标的评价模型采用现行《公路技术状况评定标准》(JTG H20—2007)的相关规定,同时参照河北省已全面推广的交通运输部公路科学研究院"路面管理系统"(CPMS HB)的评价模型、参数和方法,实行百分制,根据各项指标的计算结果分为优、良、中、次、差 5 个等级。相关公路技术状况指标评定等级、标准按表 7-3 确定。

表 7-3　高速公路技术状况评定标准

等级　　　指标	优	良	中	次	差
PCI	≥90	80~89	70~79	60~69	<60
RQI	≥90	80~89	70~79	60~69	<60
RDI	≥90	80~89	70~79	60~69	<60
SRI	≥90	80~89	70~79	60~69	<60
PSSI	≥90	80~89	70~79	60~69	<60
PQI	≥90	80~89	70~79	60~69	<60

其中在公路技术状况指数 MQI 中所占权重最大的路面使用性能 PQI 指标(0.7),根据评价模型模拟结果,其各分项指标对应评价结果见表 7-4~表 7-7。

表 7-4　PCI-DR 对应关系(路面损坏)

PCI	90	80	70	60
DR(沥青路面)	0.4	2.0	5.5	11.0
DR(水泥路面)	0.8	4.0	9.5	18.0
DR(砂石路面)	1.0	4.0	9.5	17.0

表 7-5　RQI-IRI 对应关系(路面平整度)

RQI	90	80	70	60
IRI(高速、一级公路)	2.3	3.5	4.3	5.0
IRI(其他等级公路)	3.0	4.5	5.4	6.2

表 7-6　RDI-RD 对应关系(路面车辙)

RDI	90	80	70	60	0
RD(mm)	5	10	15	20	35

表 7-7　SRI-SFC 对应关系(路面抗滑)

SRI	90	80	70	60
SFC	48	40	33.5	27.5

同时,参考《公路沥青路面养护技术规范》(JTJ 073.2—2001)相关规定:高速公路在不满足强度要求的前提下,即路面的结构强度系数为中等以下时,应采取大修补强措施以提高其承载能力;高速公路的行驶质量指数(RQI)评价为中及以下时,应采取罩面等措施改善路面的平整;公路路面车辙深度应不超过 15 mm;高速公路的抗滑能力不足,即$SFC<40$的路段,应采取加铺罩面防滑层等措施提高路表面的抗滑能力。

(2)路基技术状况指数(SCI)

路基技术状况用路基技术状况指数(SCI)评价:

$$SCI = \sum_{i=1}^{8} \omega_i (100 - GD_{iSCI}) \tag{7-9}$$

式中　GD_{iSCI}——第 i 类路基损坏的总扣分(Global Deduction),最高分值为 100,按表 7-8 的规定计算;

　　　ω_i——第 i 类路基损坏的权重,按表 7-8 取值;

　　　i——路基损坏类型。

(3)桥涵构造物技术状况指数(BCI)

桥梁、隧道和涵洞技术状况用桥隧构造物技术状况指数(BCI)评价:

$$BCI = \min(100 - GD_{iBCI}) \tag{7-10}$$

式中　$GD_{i\text{BCI}}$——第 i 类构造物损坏的总扣分,最高分值为
　　　　　　100,按表 7-9 的规定计算;

　　　　i——构造物类型(桥梁、隧道或涵洞)。

表 7-8　路基损害扣分标准

类型 (i)	损坏名称	损坏 程度	计量 单位	单位 扣分	权重 (ω_i)
1	路肩边沟不洁		m	0.5	0.05
2	路肩损坏	轻	m²	1	0.10
		重		2	
3	边坡坍塌	轻	处	20	0.25
		中		30	
		重		50	
4	水毁冲沟	轻	处	20	0.25
		中		30	
		重		50	
5	路基构造物损坏	轻	处	20	0.10
		中		30	
		重		50	
6	路缘石缺损		m	4	0.05
7	路基沉降	轻	处	20	0.10
		中		30	
		重		50	
8	排水系统淤塞	轻	m	1	0.10
		重	处	20	

(4)沿线设施技术状况指数(TCI)

沿线设施技术状况用沿线设施技术状况指数(TCI)评价:

$$TCI = \sum_{i=1}^{5} \omega_i (100 - GD_{i\text{TCI}}) \qquad (7\text{-}11)$$

式中　GD_{iTCI}——第 i 类设施损坏的总扣分,最高分值为
100,按表 7-10 的规定计算;

ω_i——第 i 类设施损坏的权重,按表 7-10 取值;

i——设施的损坏类型。

表 7-9　桥隧构造物扣分标准

类型 (i)	项目	技术状况 评定等级	计量 单位	单位 扣分	备　注
1	桥梁	一、二	座	0	采用《公路桥涵养护规范》(JTG H11—2004)的评定方法,五类桥梁所属路段的 $MQI=0$
		三		40	
		四		70	
		五		100	
2	遂道	S:无异常	座	0	采用《公路隧道养护技术规范》(JTG H12—2003)的评定方法,危险隧道所属路段的 $MQI=0$
		B:有异常		50	
		A:有危险		100	
3	涵洞	好、较好	道	0	采用《公路桥涵养护规范》(JTG H11—2004)的评定方法,危险涵洞所属路段的 $MQI=0$
		较差		40	
		差		70	
		危险		100	

表 7-10　沿线设施扣分标准表

类型 (i)	损坏名称	损坏 程度	计量 单位	单位 扣分	权重 (ω_i)	备　注
1	防护设施缺损	轻	处	10	0.25	
		重		30		
2	隔离栅损坏		处	20	0.10	
3	标志缺损		处	20	0.25	
4	标线缺损		m	0.1	0.20	每 10 m 扣 1 分,不足 10 m 以 10 m 计
5	绿化管护不善		m	0.1	0.20	

（5）综合评定

公路技术状况指数 *MQI* 按式(7-12)计算。

$$MQI = \omega_{PQI} PQI + \omega_{SCI} SCI + \omega_{BCI} BCI + \omega_{TCI} TCI$$

$$(7\text{-}12)$$

式中　ω_{PQI}——*PQI* 在 *MQI* 中的权重,取值为 0.70;

　　　ω_{SCI}——*SCI* 在 *MQI* 中的权重,取值为 0.08;

　　　ω_{BCI}——*BCI* 在 *MQI* 中的权重,取值为 0.12;

　　　ω_{TCI}——*TCI* 在 *MQI* 中的权重,取值为 0.10。

路线技术状况评定时,应采用路线所包含的所有路段 *MQI* 算术平均值作为该路线的 *MQI* 值。

2. 几何参数

几何参数表征了高速公路的设计水平,是一种相对稳定的评价指标,该指标综合了视距、平曲线半径、纵坡及横断面等主要项目。见表 7-11。

表 7-11　几何参数评价等级标准建议值

等级 项目	Ⅰ	Ⅱ	Ⅲ	Ⅳ	Ⅴ
停车视距(m)	>275	>240	>210	>180	≤180
平曲线半径 (m)	>1 400	>1 200	>1 000	>800	≤800
纵坡	$i_{max} \leqslant 2.0\%$	$i_{max} \leqslant 3.0\%$ $L < 800$ m	$i_{max} \leqslant 3.5\%$ $L < 700$ m	$i_{max} \leqslant 4.0\%$ $L < 600$ m	$i_{max} \leqslant 4.5\%$ $L < 500$ m
横断面	路肩宽度大于 3.5 m,横坡利于排水。满足行驶力学及舒适性。车道宽度 3.75 m,中央分隔带宽度大于 3.75 m	路肩宽度 3.0~3.5 m,横坡符合规定值。车道宽度 3.65~3.75 m,中间分隔带 4.0~4.5 m	路肩宽度 2.5~3.0 m,横坡稍微偏离规定值,但不危及安全与舒适性,车道宽度 3.65~3.75 m,中间分隔带 3.5~4.0 m	路肩宽度 2.0~2.5 m,横坡明显偏离规定值,危及安全,车道宽度 3.5~3.65 m,中间分隔带宽度 3.0~3.5 m	路肩宽度小于 2.0 m,横坡明显偏离规定值,严重危及安全,车道宽度 3.5 m,中间分隔带宽度小于 3.0 m

3. 线形组合

该指标应综合考虑平面线形组合、纵面线形组合、平纵面线形组合和视觉与景观协调 4 个因素,见表 7-12。

表 7-12　线形组合评价等级标准建议值

等级	I	II	III	IV	V
要求	4 个因素均满足安全设计及视觉和心理上的要求。线形美观,经济合理,行车舒适,与自然景观相协调	4 个因素基本满足设计要求,且能满足安全舒适行车的需要,线形良好,经济上较合理	4 个因素中至少有 3 个达到设计要求。基本上能满足安全行车的需要	4 个因素中至少有 2 个达到设计要求。但对安全舒适行车有一定影响	4 个因素中至少有 1 个达到设计要求,行车安全性、舒适感差,经济上不合理

7.2.2　交通运行

评价交通运行质量主要有区间车速、交通拥挤度等参数。这些参数都是定量指标,可通过实际调查来获得。见表 7-13。

表 7-13　交通运行各参数评价等级标准建议值

项目 \ 等级	I	II	III	IV	V
区间车速(v)	>80	>75	>70	>65	>60
交通密度(k)	<12	<20	<30	<45	<60
交通拥挤度(ρ)	<0.5	<0.6	<0.7	<0.8	<0.9
车辆混入率	<10%	<15%	<20%	<25%	<30%

注:交通密度 k 以小客车辆/km 计。

1. 区间车速

区间车速或称行程车速,是指车辆在道路某一区段内行驶的平均速度。车速调查采用牌照法进行。

2. 交通拥挤度(ρ)

该指标可用实际观测交通量与高速公路通行能力之比来计算,即

$$\rho = \frac{Q}{C} \tag{7-13}$$

式中　Q —— 观测交通量;

　　　C —— 高速公路的通行能力。

高速公路的通行能力表示高速公路所能适应的交通量,考虑认为主观对道路要求,并按照公路运行质量要求及安全、经济因素加以确定的。

实际观测交通量通过调查得到,可取道路区间的年平均日交通量。对于4车道高速公路通行能力取 25 000 pcu/d (中型车折算)。

7.2.3　管理系统

对于管理系统分别从服务系统、监控系统、收费系统、救援系统、管理水平等方面来评价。分级指标见表7-14～表7-17。

表 7-14　监控系统评价等级标准建议值

等级	I	II	III	IV	V
要求	监控系统先进可靠,控制、监视和情报系统完备,功能齐全,能全天候对路段和出入进行监控	控制系统、监视系统和情报系统基本完备,可对出入口及部分路段进行监控	没有控制系统,监控系统基本完备,有部分情报系统,对路段、出入口的控制主要依靠人工进行	有部分监控设施,且比较简单,主要依靠人工来实现,手段落后	没有监控设施,主要依靠人工进行,且装备落后

表 7-15　收费系统评价等价标准建议值

等级	I	II	III	IV	V
要求	收费系统先进可靠,收费模式科学合理,符合国情与当地实际情况。采用自动化及人工辅助收费,收费服务效率高	收费系统较先进,收费模式基本合理。采用半自动化收费,收费人员素质高,收费服务效率较高	收费系统比较简单,收费模式欠合理,采用半自动化收费,收费人员素质较低,收费服务效率一般	收费系统简单,收费模式欠合理,主要以人工收费,收费人员素质低,收费服务效率低	收费模式不合理,全部采用人工方式收费,收费人员素质低,收费服务效率更低

表 7-16　救援系统评价等级标准建议值

等级	I	II	III	IV	V
要求	交管人员、路政人员和医务人员在10 min内赶赴现场处理事故和车辆故障,迅速恢复交通	交管人员、路政人员和医务人员在20 min内赶赴现场处理事故和车辆故障,恢复交通	交管人员、路政人员和医务人员在25 min内赶赴现场,但可迅速恢复交通	交管人员、路政人员和医务人员部分能在30 min内赶赴现场,事故处理缓慢。但交通阻塞不很严重	交管人员、路政人员和医务人员部分能在30 min内赶赴现场,交通阻塞严重,长时间不能正常恢复运行

表 7-17　管理水平评价等级标准建议值

等级	I	II	III	IV	V
要求	体制合理高效,法规健全、得力。管理组织、方法、手段现代化,管理人员素质高	体制和法规基本合理、健全。管理人员符合高速公路管理要求	体制和法规欠合理,不健全,但矛盾不突出,管理人员基本符合高速公路管理要求	体制、法规不合理,矛盾较突出,管理人员素质较低	体制法规不合理,经常摩擦恶化,对行车安全管理不力,管理人员素质低

评价服务设施服务系统能力的指标有服务区间距、服务设施完善率、服务设施运营情况、服务区商品价格。服务区间距是高速公路沿线服务区之间的平均布设距离,反映高速公路服务的舒适性。服务设施完善率评价服务区、停车场、加油站、餐厅、厕所等服务性设施的布设情况与养护质量,反映高速公路舒适性。服务设施运营情况综合评价服务区卫生环境、设施使用情况,反映高速公路服务舒适性。服务设施完善率和设施运营情况分别评价服务设施的物理质量和运营质量,可以综合为服务设施质量一个指标。服务区商品价格评价服务区销售商品价格高低,反映高速公路服务经济性。

评价收费系统服务能力的指标有收费站间距、收费站通行能力、收费站车道数。收费站间距是高速公路主线上收费站的平均布设距离,反映高速公路服务便捷性。收费站通行能力评价收费站允许车辆通过的能力,收费站车道数指收费站开通使用的车道数,两个指标都是反映高速公路服务能力指标。收费站服务水平一般采用收费排队时间评价,收费站通行能力和车道数与收费排队时间相关性强,根据指标独立性原则,高速公路服务质量评价不采用收费站通行能力与车道数。

评价监控与管理系统设施的指标有照明、通风设施完善率,监控设施完善率、信息提供质量。照明、通风设施完善率评价高速公路的收费站、服务区、桥梁、隧道等地方的照明设施、通风设施布设情况与养护质量。监控设施完善率评价监视设施、信号控制设施、信息采集、处理、发布设施的配置情况与养护质量,反映高速公路服务便捷性、安全性。

7.2.4　信息服务

高速公路服务使用者需要的信息大致有:交通管制、道路施工、交通流的现状及预测信息,天气、污染状况信息,路面性能的评价信息,以及交通事故信息和事故预报警信息等。信息服务提供质量评价高速公路提供路况信息、交通信息的及时性、准确性,通过道路使用者能否全天候通过网络、短信、广播、情报板等方式方便、及时地获取路段的道路状况、交通状况、管制状况等动态信息。反映高速公路服务安全性、便捷性,其分级指标见表 7-18。

表 7-18 信息服务评价等级标准建议值

等级	I	II	III	IV	V
要求	信息发布系统先进可靠,信息提供系统完备,功能齐全,道路使用者能全天候通过网络、短信、广播、情报板等方式方便、及时获取路段的道路状况、交通状况、管制状况等动态信息	信息发布系统可靠,信息提供系统基本完备,道路使用者能通过网络、短信、广播、情报板等方式获取路段的道路状况、交通状况、管制状况等信息	信息提供系统不太完备,道路使用者基本能通过网络、短信、广播、情报板等方式获取路段的道路状况、交通状况、管制状况等信息	信息提供系统不完备,道路使用者不容易获取路段的道路状况、交通状况、管制状况等信息	信息提供系统不完备,道路使用者不能获取路段的道路状况、交通状况、管制状况等信息

7.2.5 人文服务

高速公路作为社会公共服务设施,其文明服务工作质量和水平要接受道路使用者的监督,成为高速公路运营管理单位树立对外形象的关键任务。可以说,加强文明、优质的人文服务是增强高速公路运营管理发展活力的内在品质要求。高速公路的服务应是在确保安全、畅通、快捷的基础上,通过

亮丽的环境、流畅的线形、安全的保障、员工熟练的工作技
艺、真诚的微笑、友善的人际关系,勾勒出温馨、舒畅、满意的
服务,形成"真诚与微笑"的用户至上的核心服务理念。

高速公路运营单位的大部分员工树立了"用户至上"的
服务理念,在工作实践中,服务态度端正,提高服务质量。但
也有少数员工由于服务意识不强、服务能力不足,致使用户
满意度不高。具体分级指标见表 7-19。

表 7-19　人文服务水平评价等级标准建议值

等级	I	II	III	IV	V
要求	工作人员服务态度真诚,语言规范、业务熟练,微笑甜美,具有"真诚与微笑"的用户至上的核心服务理念,用户满意度高	工作人员服务态度真诚,语言较规范、业务较熟练,微笑服务,用户满意度较高	工作语言基本规范,业务基本熟练,微笑服务,用户满意度高	工作语言不太规范业务不太熟练,用户满意度较低	工作语言不规范、业务不熟练,用户满意度低

7.2.6　安全性能

1. 安全设施

安全设施可根据交通标志、道路标线、中央分隔带、防护
设施、防眩设施、视线诱导标志、隔离栅和道路照明八种设施
来评价。分级指标见表 7-20。

表 7-20　安全设施评价等级标准建议值

等级	I	II	III	IV	V
要求	八种设施齐全,设置合理,结构可靠,形式美观,经济实用	八种设施至少有七种,且设置基本合理,经济实用	重要设施五种以上,设置基本合理,结构可靠	设施少于六种,且部分设置欠合理,影响到安全行车的要求	大部分设施设置不合理,起不到安全的作用

2. 交通事故率

采用运行事故率,即每亿车公里交通事故数或死伤人数来表示。

$$R = \frac{N}{QL} \times 10^8 \qquad (7\text{-}14)$$

式中 R ——亿车公里事故率;

N —— 某年内的事故次数或死亡人数,或伤、亡总数;

Q ——某年内进入某路段的车辆数;

L ——路段长度(km)。

运行事故率作为交通安全的评价指标,简单、明了,综合性强,既考虑到了车流量也考虑到了行程,而且与道路质量、管理水平密切相关。它可用以对比分析不同道路设施的交通安全状况,在评价高速公路交通服务质量时,应以运行事故率最小为优,但关于事故率的评价等级划分,我国目前在这方面的研究并不深入,尚没有具体的标准。根据国外文献资料的分析,给出事故率的评价等级划分,见表7-21。

表 7-21　国外交通事故率评价等级标准建议值

等级	I	II	III	IV	V
交通事故率 R	<50	<100	<150	<200	<250

注:表中的交通事故率 R 以事故次数/亿车公里为单位。

7.2.7　交通环境

1. 空气污染

评价空气污染的严重程度主要是以大气中污染物的浓度大小来衡量。根据所评价路段实测的污染物浓度与《环境空气质量标准》(GB 3095—2012)的相关数值进行比较,见表7-22。

污染物的检测方法及数据处理按《环境监测　分析方法标准制修订技术导则》(HJ 168—2010)要求进行。为了研究

问题的方便,可通过实测数值与表 7-22 中数值的对比程度,
从定性方法将空气污染划分为从轻微到严重 5 个等级,见表
7-23。

表 7-22　环境空气污染物基本项目浓度限值

序号	污染物项目	平均时间	浓度限值		单位
			一级	二级	
1	二氧化硫(SO₂)	年平均	20	60	μg/m³
		24 小时平均	50	150	
		1 小时平均	150	500	
2	二氧化氮(NO₂)	年平均	40	40	
		24 小时平均	80	80	
		1 小时平均	200	200	
3	一氧化碳(CO)	24 小时平均	4	4	mg/m³
		1 小时平均	10	10	
4	臭氧(O₃)	日最大 8 小时平均	100	160	
		1 小时平均	160	200	
5	可吸入颗粒物(粒径小于等于 10μm)	年平均	40	70	μg/m³
		24 小时平均	50	150	
6	细颗粒物(粒径小于等于 2.5μm)	年平均	15	35	
		24 小时平均	35	75	

表 7-23　环境空气污染评价等级标准建议值

等级	I	II	III	IV	V
影响程度	轻微	较轻	一般	较重	严重
空气污染物基本项目浓度	污染物浓度不超出一级标准	少数污染物浓度在一级与二级之间	多数污染物浓度在一级与二级之间	已有多种污染物浓度超出二级标准	大多数污染物浓度已大大超出二级标准

2. 交通噪声

交通噪声采用等效连续 A 声级作为评价量。由于交通噪声是因道路交通的流量、速度、密度等车流状况不同而随时变化的,不能用某一时间的某一测定值来表示其声级,为了综合评价一段时间的交通噪声大小,以被测时段内能量平均值来表示该时段的等能声级,又称等效声级,即是用一个在相同时间内,声能与之相等的连续稳定的 A 声级表示该时段内部稳定噪声的声级。

$$L_{\text{Aeq,T}} = 10\lg\left(\frac{1}{T}\int_0^T 10^{0.1L_{\text{PA}}}\,\mathrm{d}t\right) \tag{7-15}$$

式中　$L_{\text{Aeq,T}}$——等效连续声级;

　　　L_{PA}——某时间 t 的瞬时 A 声级(dB);

　　　T——规定的测量时间(s)。

由于目前我国尚未颁布高速公路的两侧噪声标准,因此可参考《城市区域环境噪声标准》(GB 3096—1993)规定的"交通干线道路两侧"标准,其值昼间为 70 dB,夜间为 55 dB。噪声测量仪器采用国标规定的噪声测试仪。根据对所评价路段交通噪声的测试值,然后与标准值进行比较,判断交通噪声的影响程度和范围。同空气污染指标一样,从定性方面对其评价等级标准进行划分,见表 7-24。

表 7-24　交通噪声评价等级标准建议值

等级	I	II	III	IV	V
影响程度	轻微	较轻	一般	较重	严重
对测试地点影响情况	所测试地点在各时间段上的噪声级都符合标准	所测试地点在各时间段上的噪声级基本符合标准	大多数测试地点在各时间段上的噪声级基本符合标准	大多数测试地点在各时间段上的噪声级不符合标准,但相差不大	大多数测试地点在各时间段上的噪声级不符合标准,且相差较大

3. 道路绿化

道路绿化主要以绿化面积及绿化美化形式来评价,见表 7-25。

表 7-25 道路绿化评价等级标准建议值

等级	I	II	III	IV	V
要求	道路两侧及中央分隔带全部绿化。绿化形式多样,布局简洁明快,能与周围景观相协调	道路两侧及中央分隔带大部分绿化。绿化形式多样,与周围景观相协调	道路两侧及中央分隔带部分绿化。绿化形式一般,与周围景观基本协调	道路两侧少部分绿化,中央分隔带部分绿化。绿化形式简单,布置效果较差	道路两侧基本无绿化,中央分隔带少部分绿化,且绿化形式单调

第8章 高速公路服务供给系统评价

8.1 案例概况

青岛—银川高速公路河北段东起河北与山东交界的清河县,西向止于鹿泉市申后村互通立交,是交通运输部规划的"五纵七横"国道主干线的组成部分,作为河北省"东出西联"和能源运输重要通道,该路对于完善河北省公路主骨架的建设,缓解清河过境交通压力,增进大西北与内地东南沿海省份的社会交流和物资交流,促进河北省的经济发展具有十分重要的意义。

青银高速公路河北段全长 182.004 km,2005 年 12 月 28 日投入运营,2006 年 3 月 26 全线通车。其路基宽 28 m,双向四车道,全封闭、全立交,设计行车速度为 120 km/h。

全线有大小桥梁 72 座,互通、分离立交 52 处;涵洞及通道 315 道;沥青混凝土路面 468 万 m^2;主线收费站 1 处,匝道收费站 8 处;服务区 3 处,停车区 1 处。

目前,全线具备计重收费和绿色通道的功能,主线收费站设有 ETC 车道,全线年均日交通量约达到 3 万辆。

8.2 评价指标隶属度的确定

模糊综合评价的两个关键环节是如何确定各因素对不同评级等级标准的隶属度以及各因素的权重。对于各因素的权重,在 8.3 节中介绍,而对隶属度的确定是为了得到各因素对模糊评价等级所构成的模糊评价矩阵,从而使对实际问题进行综合评价得以实现。隶属度是在模糊集合对普通集合概念推广的基础上,取闭区间[0,1]上任一数值,实现定量地刻画模糊性事物。虽然隶属度的确定带有一定程度上的主观性,但在客观上对隶属度进行了某种限定,使得隶属度不能主观任意捏造,因此具有合理性。

在进行模糊评价时,如何确定各个因素对应各个评判等级的隶属程度是整个评价能否进行的关键。评判隶属度是否符合实际,主要看它是否能正确地反映元素隶属集合到不隶属集合这一变化过程的整体性,而不在单个元素的隶属度数值如何。针对前面章节中制定的评价标准,把所有评价因素指标分为定性和定量两类,分别确定其隶属度。对于定性因素大多采用专家问卷调查方法,对于定量因素则采用构造隶属度函数的方法。

在确定隶属度时,通过向专家咨询调查,然后根据调查结果用统计方法加以确定是一种有效的方法,它反映了专家多年积累的经验,是专家集体智慧的结果。但是专家咨询毕竟是人们的主观意愿,如何使咨询正确反映实际情况,以达到预期的目的,需要在专家问卷设计中充分体现出来。

为使咨询结果趋于合理,采取了以下措施:

(1)选择具有相当专业素质,实际经验丰富,并且对所评价道路最为熟悉的专家。

(2)调查表用简捷的语言进行组织,便于阅读并给出示例。

(3)专家人数按统计学要求越多越好,取 15 人以上。

在收到专家填写好的调查表后,用统计方法,按式(8-1)计算隶属度:

$$r_{ij} = \frac{d_{ij}}{d} \qquad (8-1)$$

式中　d_{ij}——对于第 i 因素 u,作出隶属于第 j 评价等级 v_j 的专家人数;

d——总的咨询专家人数。

在建立上述隶属函数后,就可以根据评价参数实际调查值来确定其在不同评价等级标准下的隶属度值,即 $r_{ij} = u_{ij}(x)$。高速公路服务质量评价因素调查情况见表 8-1。

表 8-1　高速公路某路段服务质量评价因素调查表

评价因素集＼评语集	好 I	较好 II	一般 III	较差 IV	差 V	备　注
u_1						请在您认为的评价等级上打"√"。每行只许打一个记号
u_2						
⋮						
u_n						

8.3　服务质量评价指标权重的确定

权重是指各因素在评价中对评价目标所起作用的大小程度。一般来说,各个因素在评价中具有的重要程度不同,区分各因素的重要程度,有助于突出主要因素的作用,有利于评价结果的准确。因而必须对各个因素 u_i,按其重要程度给出不同的权数 a_i。由各权数组成的因素权重集 A 是因素集 U 上的模糊子集,可用模糊向量表示为:

$$A = (a_1, a_2, \cdots, a_n)$$

其中元素 $a_i(i=1,2,\cdots,n)$ 是因素 u 对 A 的隶属度,即反映了因素 u 在综合判断中具有的重要程度,通常应满足归一性和非负性条件,即:

$$\sum_{i=1}^{n} a_i = 1 \qquad a_i \geqslant 0 \quad (i=1,2,\cdots,n)$$

评价指标权重系数的确定十分重要,它可以直接影响到综合评价的结果。具体确定权重的方法很多,如定性经验的德尔菲法,定量数据统计处理的主成分分析法,以及层次分析法等。对于带有定性指标的指标体系的赋权方法,目前较为有效的是层次分析法(AHP),因此采用层次分析法来确定指标权重。

以下简述层次分析法的基本步骤:

1. 建立递阶层次结构

明确系统目标,弄清问题的范围,确定要素之间的关联关系和隶属关系,把系统中各要素按系统功能或特征划归不同层次,建立内部独立的递阶层次结构,这是 AHP 的关键步骤。

通常模型结构分为目标层、准则层和指标层三层,目标层是最高层次,或称理想结果层;准则层为评价准则或衡量准则,也可为因素层、约束层;指标层对不同问题可有不同描述。根据高速公路评价指标体系,建立递阶层次结构模型。

2. 构造判断矩阵

建立起递阶层次结构模型后,上下层之间各因素的隶属关系就被确立了,问题即转化为层次中的排序计算方法。在排序计算中,每一层次的排序又可简化为一系列成对因素的判断比较,并根据一定的比例标度将判断定量化,形成比较判断矩阵。见表 8-2。

表 8-2　层次分析法判断矩阵表

A_k	B_1	B_2	$\cdots$	B_{1n}
B_1	b_{11}	b_{12}	$\cdots$	b_{1n}
B_2	b_{21}	b_{22}	$\cdots$	b_{2n}
$\vdots$	$\vdots$	$\vdots$	$\vdots$	$\vdots$
B_n	b_{n1}	b_{n2}	$\cdots$	b_{nn}

该判断矩阵表示 A 因素与下一层因素 B_1、B_2、$\cdots$、B_n 之间的联系,在此要对 B_1、B_2、$\cdots$、B_n,这 n 个因素之间相对重要性进行比较,以确定 $n \times n$ 阶的判断矩阵 $B = (B_{ij})$。

AHP法提出了相对重要性的比例标度,见表 8-3。

表 8-3　相对重要性的比例标度

标度	定　　义
1	i 因素与 j 因素同样重要
3	i 因素比 j 因素略重要
5	i 因素比 j 因素稍重要
7	i 因素比 j 因素重要得多
9	i 因素比 j 因素重要得很多
2,4,6,8	i 与 j 两因素重要性比较结果处于以上结果的中间
倒数	j 与 i 两因素重要性比较结果是 i 与 j 两因素重要性比较结果的倒数

利用表 8-3 的相对重要性比例标度方法,对于因素 B_i 和 B_j,作相互比较判断,便可获得一个表示相对重要度的数据 b_{ij},如此,构成判断矩阵。

3. 层次权重值的确定

依据判断矩阵求解各层次指标的相对权重问题,在数学上也就是计算判断矩阵最大特征根及其对应的特征向量问题。以判断矩阵 B 为例,即 $BW = \lambda W$ 解出最大特征根 $\lambda_{\max}$ 及对应的特征向量 W,将 $\lambda_{\max}$ 所对应的最大特征向量归一化,就得到 B_1、B_2、$\cdots$、B_m 相对于 A 的权重值。

4. 进行一致性检验

为了测试评判的可靠性和一致性,引入 $CI = \dfrac{\lambda_{\max} - m}{m - 1}$ 作为度量判断矩阵偏离一致性的指标,来检验一致性。

取 $CR = CI/RI$(CR 为随机一致性比例,RI 为平均随机一致性指标),则当 $CR < 0.1$ 时,即认为判断矩阵具有满意的一致性,否则,需要判断矩阵进行调整,直至具有满意的一致性为止。

　　通过对多名有经验的工程师、专家进行调查,发放评分表,让他们对各指标的重要度按 9 级标度法进行两两对比打分,由于篇幅所限,在此未将评分结果一一列出。经过归纳整理,并按照上面所述步骤计算得到各指标相对于其上层准则及准则相对于目标的权重分配,结果汇总见表 8-4。

表 8-4　评价指标权重计算结果汇总表

	指标名称	权重值	指标名称	权重值
高速公路服务质量(A)	道路状况(B_1)	0.151 7	公路技术状况 C_{11}	0.415 7
			道路几何参数 C_{12}	0.281 4
			道路线形组合 C_{13}	0.302 9
	交通运行(B_2)	0.292 8	区间车速 C_{21}	0.472 9
			交通密度 C_{22}	0.174 9
			交通拥挤度 C_{23}	0.207 0
			车辆混入率 C_{24}	0.145 2
	管理系统(B_3)	0.143 1	收费系统 C_{31}	0.286 3
			服务系统 C_{32}	0.215 4
			监控系统 C_{33}	0.161 1
			救援系统 C_{34}	0.182 8
			管理水平 C_{35}	0.154 4
	信息服务(B_4)	0.104 2	信息提供水平 C_{41}	1.000 0
	人文服务(B_5)	0.093 2	人文服务水平 C_{51}	1.000 0
	安全性能(B_6)	0.150 9	安全设施 C_{61}	0.486 3
			交通事故率 C_{62}	0.513 7
	交通环境(B_7)	0.064 1	空气污染 C_{71}	0.265 1
			交通噪声 C_{72}	0.235 7
			道路绿化 C_{73}	0.499 2

　　其中,准则层对目标层 $\lambda_{\max} = 3.014\ 2$,$CI = 0.007\ 1$,$CR = 0.013\ 7$,满足一致性要求。

权重结果分析：

（1）无论哪一种道路设施，交通运行与道路状况都是最主要的影响方面；其次是管理系统、安全性能、信息服务、人文服务和交通环境。

（2）在道路状况方面，高速公路对道路质量的要求较高，线形组合的影响比几何参数略大一些。

（3）在交通运行方面，区间车速是最主要的影响因素，交通拥挤度和车辆混入率对高速公路的影响也比较大。

（4）在管理系统方面，高速公路对管理水平的要求较高，收费系统对高速公路影响较大。

（5）在信息服务方面，高速管理部门提供的高速公路交通运行状况、道路状况、交通管制、交通诱导等动态信息以及信息获得的方式等信息服务水平对道路使用者影响较大。

（6）在人文服务方面，服务人员的服务水平和服务态度，对道路使用者有一定的影响。

（7）在安全方面，交通事故率是衡量高速公路交通安全的最有效因素。从安全设施与其他因素权重相比看，它的影响也尤显重要。

（8）在交通环境方面，道路绿化与美化是最重要的，这也体现了高速公路自身的要求。

8.4 评价矩阵的确定

参数调查是综合评价的基础，其目的是根据调查的结果计算隶属度并获得模糊评价矩阵。由于高速公路服务质量的评价参数较多，而且参数调查工作需要花费大量的人力、物力和财力。因此，为了使评价简便起见，对道路状况的指标参数使用青银高速公路（河北段）管理处养护检查的数据；交通运行指标参数采用青银高速公路管理处监控系统测量的数据；安全性能定量指标参数采用青银高速公路（河北段）

管理处提供的数据。管理系统及交通环境等定性参数采用专家调查法,依据前面提供的表格,特邀专家进行咨询,根据专家咨询的意见进行汇总,得到模糊综合评价矩阵。

(1)高速公路道路状况方面。青银高速公路河北段道路状况评价见表 8-5,公路技术状况指数 MQI 在 95 分以上,路面使用性能指数(PCI)、路面结构强度指数($PSSI$)、道路行驶质量指数(RQI)都在 94 分以上,而路面抗滑性能指数(SRI)为 88.7 分,说明路面质量状况优秀,这与及时实施养护工程、注重日常小修保养是分不开的。

表 8-5　青银高速公路河北段道路状况评价表

评定结果	路面						路基	桥隧构造物	沿线设施
MQI	PQI	PCI	RQI	$PSSI$	SRI	RDI	SCI	BCI	TCI
95.6	95.5	96.8	94.8	100	88.7	94.1	94.8	97.5	98.4

总之,目前青银高速公路河北段道路状况总体使用性能保持优秀,具备较高的服务水平。因此,针对目前青银高速公路河北段技术状况现状,主要应继续加强对鹿泉—清河(下行)方向、滏阳新河特大桥等区域的裂缝、平整度、路面抗滑、路面车辙等病害的跟踪监测,研究总结近年来养护维修、病害治理实践经验,对部分路段路面、路基、桥涵构造物和沿线设施存在的不足及时采取科学有效的措施进行处理、维修与根治,同时做好日常养护和注重预防性养护工作,继续保持和提高高速公路全线使用质量和服务水平。

(2)青银高速公路河北段交通运行参数调查整理结果见表 8-6。交通组成如图 8-1 所示。

表 8-6　2009 年青银高速公路河北段交通运行参数表

参数	年均日交通量（pcu/d）	拥挤度	平均行驶车速（km/h）	平均密度（pcu/km/ln）	车辆混入率（%）
对应值	28 948	0.53	102.5	5.7	57

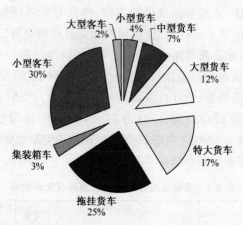

图 8-1　青银高速公路(河北段)交通组成图

（3）管理系统、信息服务、人文服务与安全设施调查结果见表 8-7。

表 8-7　青银高速公路(河北段)评价指标调查结果表

评价指标	管理水平	信息服务	人文服务	安全设施
属性值	Ⅰ	Ⅱ	Ⅰ	Ⅰ

（4）交通环境调查。保护和恢复良好的生态环境,促进社会经济可持续发展,已越来越受到人们的关注。高速公路建设事业的大发展,在极大的推动经济发展的同时,也带来了严峻的环境问题。为减轻污染,保护生态环境,青银高速公路(河北段)管理处本着实事求是、因地制宜的原则对各路段都进行了较好的绿化美化,充分体现了"四季常青、四季有花、行车舒适",合理绿化了一切可以绿化的用地。各路段采用不同的树种搭配,栽植花卉、灌木,形成于乔、灌、花、草有机结合的稳定植物群体。通过高速公路绿化工作,有效地改善了自然生态环境,使公路周围的噪声污染降到较低水平,

绿化覆盖率均达到 90％以上。沿线司乘人员绿化满意率为 95.2％。沿线公众及司乘人员环保调查满意率分别为 90.4％和 92.7％。

（5）模糊评价矩阵 R 的计算。

$$R_1 = \begin{bmatrix} 0.086\ 8 & 0.434\ 9 & 0.304\ 2 & 0.130\ 5 & 0.043\ 6 \\ 0.347\ 7 & 0.521\ 9 & 0.130\ 4 & 0.000\ 0 & 0.000\ 0 \\ 0.171\ 7 & 0.521\ 9 & 0.217\ 6 & 0.086\ 8 & 0.000\ 0 \end{bmatrix}$$

$$R_2 = \begin{bmatrix} 0.000\ 0 & 0.668\ 1 & 0.331\ 9 & 0.000\ 0 & 0.000\ 0 \\ 0.647\ 1 & 0.352\ 9 & 0.000\ 0 & 0.000\ 0 & 0.000\ 0 \\ 0.534\ 6 & 0.257\ 4 & 0.208\ 0 & 0.000\ 0 & 0.000\ 0 \\ 0.331\ 4 & 0.668\ 6 & 0.000\ 0 & 0.000\ 0 & 0.000\ 0 \end{bmatrix}$$

$$R_3 = \begin{bmatrix} 0.012\ 8 & 0.528\ 1 & 0.343\ 9 & 0.115\ 2 & 0.000\ 0 \\ 0.206\ 5 & 0.601\ 7 & 0.186\ 4 & 0.005\ 4 & 0.000\ 0 \\ 0.125\ 9 & 0.551\ 6 & 0.271\ 2 & 0.051\ 3 & 0.000\ 0 \\ 0.162\ 7 & 0.518\ 9 & 0.284\ 1 & 0.034\ 3 & 0.000\ 0 \\ 0.115\ 4 & 0.581\ 5 & 0.295\ 8 & 0.007\ 7 & 0.000\ 0 \end{bmatrix}$$

$$R_4 = \begin{bmatrix} 0.087\ 6 & 0.419\ 7 & 0.438\ 2 & 0.054\ 5 & 0.000\ 0 \end{bmatrix}$$

$$R_5 = \begin{bmatrix} 0.135\ 7 & 0.516\ 2 & 0.431\ 9 & 0.016\ 2 & 0.000\ 0 \end{bmatrix}$$

$$R_6 = \begin{bmatrix} 0.260\ 6 & 0.652\ 3 & 0.086\ 8 & 0.000\ 0 & 0.000\ 0 \\ 0.000\ 0 & 0.482\ 2 & 0.517\ 8 & 0.000\ 0 & 0.000\ 0 \end{bmatrix}$$

$$R_7 = \begin{bmatrix} 0.782\ 3 & 0.173\ 8 & 0.043\ 9 & 0.000\ 0 & 0.000\ 0 \\ 0.697\ 3 & 0.302\ 7 & 0.000\ 0 & 0.000\ 0 & 0.000\ 0 \\ 0.086\ 4 & 0.347\ 5 & 0.173\ 3 & 0.218\ 5 & 0.174\ 3 \end{bmatrix}$$

8.5 综合评价

当评价指标体系因素权重集 A 和评判矩阵 R 确定后，建立评价模型就十分简单了，基本评价模型为：

$$B = A \cdot R$$

即

$$(b_1 \quad b_2 \quad \cdots \quad b_m) = (a_1 \quad a_2 \quad \cdots \quad a_n) \begin{bmatrix} r_{11} & r_{12} & \cdots & r_{1m} \\ r_{21} & r_{22} & \cdots & r_{2m} \\ \vdots & \vdots & \vdots & \vdots \\ r_{n1} & r_{n2} & \cdots & r_{nm} \end{bmatrix}$$

　　根据上述模型,按照模糊矩阵的合成运算便得到模糊综合评价集 B。其中 B 是评价集 V 上的模糊子集,n 为评价因素个数,m 为评价等级数。

　　采用上述模型对青银高速公路(河北段)进行综合评价,评价结果见表 8-8。

表 8-8　青银高速公路(河北段)综合评价结果

指标	好	较好	一般	较差	差
道路质量状况 B_1	0.487 7	0.207 8	0.175 0	0.129 5	0.000 0
交通运行 B_2	0.520 8	0.337 9	0.125 7	0.015 6	0.000 0
管理系统 B_3	0.463 8	0.279 1	0.166 7	0.090 1	0.000 0
信息服务 B_4	0.135 7	0.516 2	0.431 9	0.016 2	0.000 0
人文服务 B_5	0.558 3	0.260 6	0.181 1	0.000 0	0.000 0
安全性能 B_6	0.552 5	0.346 2	0.065 3	0.036 0	0.000 0
交通环境 B_7	0.507 6	0.238 3	0.158 5	0.095 6	0.000 0
综合评价 B	0.506 5	0.281 9	0.138 2	0.073 4	0.000 0

　　根据最大隶属度原则,由 B 便可评判评价结果:青银高速公路(河北段)服务质量处于好等级。但是这种方法只利用了 $B_j(j=1,2,3,4,5)$ 中的最大者,没有充分利用等级模糊子集带来的全部信息。因此,对评价标准按"百分制"给出等级规定成绩及相应的区间:

　　第Ⅰ级,高速公路服务质量好,分值区间:[90,100];

　　第Ⅱ级,高速公路服务质量较好,分值区间:[80,90];

　　第Ⅲ级,高速公路服务质量一般,分值区间:[70,80];

　　第Ⅳ级,高速公路服务质量较差,分值区间:[60,70];

第Ⅴ级,高速公路服务质量差,分值区间：[0,60)。

依据上述评价标准,结合模糊综合评价原理,使用加权平均法,得到各计算参数评价结果：道路质量状况 $V=98.738$,状况好；交通运行 $V=96.176$,交通运行状况好；管理系统状况 $V=96.048$,管理状况好；信息服务 $V=82.127$,信息服务状况较好；人文服务 $V=95.351$,人文服务状况好；安全状况 $V=94.471$,安全状况好；交通环境 $V=93.597$,交通环境好。最后综合评价结果 $V=94.54$,交通服务质量好。

8.6　存在问题分析

从青银高速公路(河北段)服务质量评价过程中的调查和评价结果分析来看,该高速公路服务质量状况令人满意,但也存在或多或少的缺陷或安全隐患,主要问题有以下几个方面：

(1)管理部门应该对高速公路的状况参数进行适时测量分析,大量收集道路状况的数据,建立高速公路道路养护系统数据库,加强道路养护,提高路面的使用性能。

(2)目前该高速公路车流量中货车所占比重较大,这就相应地降低了青银高速公路的运输效率。目前高速公路上货车超载现象比较多,超载车辆在高速公路上行驶较慢,对高速公路交通流产生严重影响,不仅降低其通行能力,由于超车现象的加重,使得安全状况也大大下降,加强超限治理,从源头上防止超重车辆进入高速公路,可以改善高速公路的运行状况。

(3)管理系统方面,由于高速公路车流量较大,再加上计重收费等影响,使得主线上的收费站通行能力降低,因此应加强对收费站的管理并采取相应的改善措施,尽可能提高车辆通过收费站的效率。

(4)从信息服务方面来看,道路使用者基本能通过网络、电话、广播、情报板等方式获取路段的道路状况、交通状况、管制状况等信息,但信息提供系统还不太完备,相关信息获取不够便捷,有待进一步提高信息服务水平,提供更多更便捷的高速公路相关信息服务方式,提高信息的及时性和时效性。

(5)从人文服务方面来看,绝大部分员工树立了"用户至上"的服务理念,在工作实践中,端正服务态度,提高服务质量,但也有少数员工由于"用户至上"的服务意识不强、服务能力不足,致使用户满意度不高,有待进一步改进和提高服务水平。

(6)从安全性来看,由于交通事故的发生,会导致对交通服务质量的评价结果产生很大的影响,所以还应对青银高速公路的安全管理给予足够重视,管理部门应采取积极行动,寻求改进措施(比如宣传教育、特殊天气交通控制等),把交通事故降到最低。

希望通过对青银高速公路(河北段)供给服务质量的综合评价,使高速公路管理部门能够重视高速公路的运营、养护管理等问题,评价结果能够给管理决策提供科学依据,并积极抓紧解决,尽量加强高速公路养护管理,尽量减少交通事故的发生,以保证高速公路的优越性能够充分发挥。

第9章 高速公路服务需求满意度评价

9.1 用户（需求）满意度分析

9.1.1 相关概念界定

1. 用户满意

满意一词最早出现在心理学领域,描述人的主观意愿得到满足的心理状态。用户满意度是衡量用户对购买的有形商品或接受的服务的质量的一种整体评价,属于用户主观感觉范畴。用户满意度包含以下内涵:①用户满意度是用户对产品或服务的一种主观评价。②用户满意度既包括用户对本次服务的评价,也包括用户对以前服务累积效果的评价。③用户满意评价基于用户感知与期望的比较。④用户满意度评价基于收益与成本比较。

高速公路服务是高速公路部门通过高速公路系统提供的满足用户行车需求的服务。按照消费者为导向的质量观点,用户满意的服务就是优质的服务,用户不满意的服务就是低劣的服务。因此,高速公路用户对高速公路服务是否满意,是高速公路服务质量评价的一项基本内容。高速公路服务用户满意度指高速公路用户根据行车收益与成本的比较以及行车期望与感知绩效的比较形成对高速公路服务的整体评价,是高速公路服务质量评价的基本内容。

2. 用户期望

期望是人对事物未来的预期或愿望。用户满意度研究中的期望是与用户消费感知相对而言的用户心中的"标准"。用户满意度研究中常用到四种"期望":①理想的期望,是用户渴望服务达到的程度,反映用户认为服务能够满足其需求的理想水平。理想期望是用户消费经历、学习过程、企业形象、宣传、促销等因素的函数。②期望的期望,是产品或服务在用户消费经历中表现出来的平均水平,是用户认为服务实际表现可能达到的水平。期望的期望是经过理性的对各种可能性进行计量后得出的结果。③最低可忍受的期望,用户可接受服务的最低限度,反映用户认为实际表现必须达到的水平。④应当的期望,反映用户考虑其接受服务所付出的成本时,服务应当达到的程度。

　　高速公路用户期望来源于用户的行车经历、需求水平以及公路形象,受到六类影响因素的影响。影响因素具体包括:①高速公路企业的广告、公关等营销宣传活动;②高速公路企业在用户心中的整体形象;③高速公路企业的口碑;④用户的行车经历;⑤用户的需求水平;⑥用户偏好。其中营销宣传是高速公路企业的直接控制因素,高速公路的形象和口碑是营销宣传的结果,是高速公路部门的间接控制因素,用户经历、需求和偏好是企业无法控制,但需要准确把握的因素。

　　期望对高速公路用户满意度的影响是"双刃剑"。期望一方面是用户购买服务的动因,期望越高,用户购买服务的可能性越大。同时,期望是用户累积行车经历的函数,期望越高意味着用户感知质量通常越好,越容易形成的正的满意度。但是,期望另一方面是用户评价高速公路服务的"标准",期望越高意味着标准越高,同等的用户感知绩效产生较低的用户满意度。因此,如何准确把握、合理引导用户期望是高速公路部门进行服务质量管理至关重要的一环。高速公路部门需要通过正确的营销宣传手段,适度的传递企业信息,让用户形成与当前服务质量相匹配的期望,切莫为追求高速公路形象的提升过度宣传。

3. 用户感知质量

用户感知质量是用户对产品或服务满足其期望的评价，高速公路服务用户感知质量指用户根据行车过程中的感知同期望比较后形成的对高速公路服务的整体评价。狭义的感知服务质量认为价格（用户消费成本的货币表现）是影响用户行为的非质量因素，同感知服务质量并列影响用户满意度。高速公路用户消费高速公路服务的成本包括用户与企业之间的交易成本（通行费），油耗、折旧等车辆运营成本，用户投入的时间成本，其中车辆运营成本和时间成本与高速公路服务质量密切相关，因此高速公路用户的消费成本受高速公路服务质量控制而无法独立存在。鉴于上述原因，将用户消费成本纳入服务质量体系，认为广义的高速公路服务用户感知质量概念——相对于用户消费成本的高速公路服务感知质量。

4. 用户忠诚

忠诚既包含态度上的依恋，又包含行为的忠诚，认为顾客忠诚应该是伴随着较高态度取向的重复购买行为。

1994 年，美国营销学者迪克艾伦（Dick Alan. S）和英国牛津大学塞德商学院教授库纳尔·巴苏（Kunal Basu）根据态度取向和行为取向的不同，将用户忠诚分为四种类型：①缺乏忠诚，指用户既缺乏情感上的依恋，又没有行为上的反复购买；②虚假忠诚，指用户在行为上反复购买，态度上却缺乏依赖感；③潜在忠诚，指用户态度很忠诚，由于现实条件的约束而没有高频率的重复购买行为；④理想忠诚，指用户既有良好的态度，又有经常重复购买的行为。

高速公路服务业位于完全竞争行业和完全垄断行业之间，既有一定的竞争性，又具有一定的垄断性。垄断性体现在高速公路的自然垄断性、技术垄断性和立法垄断性；竞争性体现在高速公路同其他运输方式之间，通道内不同的道路之间具有相互一定的替代性。高速公路服务的垄断性很容易产生用户的虚假忠诚,即用户虽然对高速公路服务的满意度较低,态度上并不认同,但出于"无路可走"(用户选择其他道路或其他运输方式的转移成本高,或者没有其他的方式可以选择),仍然对高速公路具有较高的使用频率,成为"囚禁者"。但是,一旦高速公路服务的竞争性加强,比如通道内修建其他道路、开通或改善其他运输方式,用户与高速公路服务之间虚假忠诚将极易宣布破灭,导致高速公路用户的大量转移。该规律反映了高速公路部门重视用户满意度的价值所在。

9.1.2　用户满意度模型

用户满意度评价是高速公路服务质量评价的基本内容,研究用户满意度的目的在于建立一套标准化的基于用户满意度的高速公路服务质量评测工具,同时探求高速公路用户期望、感知质量、满意度、忠诚度之间的相互关系。本文借鉴国内外用户满意度的研究成果,在国外用户满意度模型的基础上总结出高速公路服务质量用户满意度指数模型,模型的框架结构如图 9-1 所示。

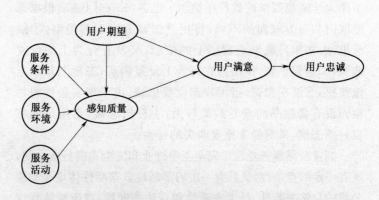

图 9-1　高速公路服务质量用户满意度模型框架

该模型以用户满意为核心,包括用户期望、感知质量两个前置因素,用户忠诚一个后置因素,服务条件、服务环境、服务活动三个影响用户感知质量的质量因子。因素间相互作用关系用五条假设路径描述:

假设1,用户期望是感知质量的前置因素,正向直接作用于感知质量。

假设2,用户期望是用户满意的前置因素,正向直接作用于用户满意。

假设3,感知质量是用户满意的前置因素,正向直接作用于用户满意。

假设4,用户满意是用户忠诚的前置因素,正向直接作用于用户忠诚。

假设5,服务条件、服务坏境、服务活动是感知质量的构成因素,正向作用于感知质量。

该模型中用户满意是高速公路用户根据行车前服务期望与行车过程中的服务感知之间、行车获得的效用收益与行车成本之间比较后对高速公路服务的一种累积的整体评价。该评价既包含当前特定行车的满意信息,又包括以前行车经历的累积满意信息。

用户期望是高速公路用户对将要接受的公路服务的一种预期。用户期望来源于公路整体形象、口碑、用户行车经历、用户需求与偏好。从长期看,高速公路用户具有学习能力,会根据自身的行车经历、企业传递的信息理性地调整期望,使得调整的期望与服务质量大体相符,因此该模型假设期望正向作用于感知质量。

累积消费用户满意度的观点认为期望携带着前期消费经历和企业信息,又包含着期望对未来消费的理性预期。期望的变化短期内对用户满意产生负面影响,长期内产生正面影响,而且长期效果通常大于短期效果,用户期望与满意正相关。因此,该模型假设用户期望正向直接作用于用户满意。

　　用户感知质量是用户根据行车过程中的感知同期望(应该提供的服务)比较后形成的对公路服务的整体评价。考虑到经济性是公路服务质量的基本特性,该模型将感知价格纳入用户感知质量的概念,提出高速公路服务用户感知质量是用户从服务中获得的效用与用户为此付出的代价(成本)比较的结果,是相对于一定感知价格的感知质量。用户消费高速公路服务的效用在于通过便捷、安全、舒适的行车,实现空间位置的移动;用户付出的代价包括车辆运营成本(油耗、车辆折旧、轮胎损耗)、通行费、时间成本。用户想要享受更便捷、安全、舒适的公路服务,往往需要支付更多的成本。按照消费者行为理论的说法,用户消费高速公路服务是一个经济决策行为,其满意度取决于消费过程中的感知质量(相对于价格的感知质量)的大小,感知质量越大,用户满意度越高;反之,感知质量越小,用户满意度越低。因此,该模型假设用户感知质量正向作用于用户满意。

　　用户忠诚是用户重复消费高速公路服务的态度和行为,是整个模型的最终变量。用户忠诚意味着消费行为上高频率的使用高速公路,对服务价格缺乏敏感性;态度上偏好、依恋高速公路服务,而且有向他人推荐的倾向,是高速公路企业实现可持续盈利的表现。用户忠诚来源于用户满意,该模型假设用户满意正向作用于用户忠诚。

　　为使高速公路部门详细了解用户对高速公路服务满意度的形成机理,获得微观的服务质量改进信息,该模型增加了服务条件、服务环境、服务活动三个影响高速公路服务用户感知质量的质量因子。服务条件指高速公路系统的主体设施,服务环境指高速公路系统的附属设施和路外环境,服务活动指高速公路部门的运管组织和用户行车过程。

9.2　用户满意度评价体系

9.2.1　指标选取

满意度评价不仅包含用户满意度的直接度量,还应包含相关影响因素的分析,以便为改进质量提供信息。高速公路服务用户满意度模型包括用户满意、用户感知质量、用户忠诚三个内生潜在变量,用户期望和服务条件、服务环境、服务活动三个代表质量因子的外生潜在变量。各潜在变量需要通过具体的标识变量(指标)度量。标识变量的设计应遵循两条基本原则:①用户必须认为该项指标重要。用户满意度评价以用户为评价主体,所以用户广泛认同的指标才能反映用户的感知。②指标设计应考虑操作性。用户不是专家,所以指标的表述必须简单、易懂,切不可用太多抽象的语言。

下面详细论述各潜在变量的指标。

1. 用户满意

综合各类不同的观点,设计直接评测整体满意度、与期望值比较的满意度、与理想值比较的满意度三个标识变量。

(1)整体满意度,问卷语言"你对这条高速公路的整体满意程度如何?"采用 1~5 级数字量表,1 代表"非常不满意",5 代表"非常满意"。

(2)与期望值比较的满意度,问卷语言:"和您行车前的希望相比,这条高速公路给您带来多大的满意程度?"采用 1~5 级数字量表,1 代表"远远低于",5 代表"远远高于"。

(3)与理想值比较的满意度,问卷语言:"和您心目中优良的高速公路相比,这条高速公路给您带来多大的满意程度?"采用 1~5 级数字量表,1 代表"远远低于",5 代表"远远高于"。

2. 用户期望

期望是对将要接受的高速公路服务的预期。期望与用户消费经历中形成的高速公路形象密切相关,在此将高速公路形象纳入期望的范畴,设计整体期望和高速公路形象两个标识变量。

(1)整体期望,问卷语言:"出车前,您预料这条高速公路的整体状况将是什么水平"。采用1~5级数字量表,1代表"非常差",5代表"非常好"。

(2)高速公路形象,问卷语言:"您对这条高速公路的印象如何"。采用1~5级数字量表,1代表"非常差",5代表"非常好"。

3. 用户感知质量

用户对高速公路系统的感知包括硬件(高速公路设施)质量感知、软件(管理与服务)质量感知,在此设计整体感知质量、硬件(设施)感知质量、软件(管理)感知质量三个反映用户感知的标识变量。

(1)整体感知质量,问卷语言:"行车后,您给这条高速公路的整体质量打几分"。采用1~5级数字量表,1代表"非常差",5代表"非常好"。

(2)硬件感知质量,问卷语言:"行车后,您给这条高速公路的设施打几分"。采用1~5级数字量表,1代表"非常差",5代表"非常好"。

(3)软件感知质量,问卷语言:"行车后,您觉得这条高速公路的管理与服务打几分"。采用1~5级数字量表,1代表"非常差",5代表"非常好"。

4. 用户忠诚

用户忠诚包括态度忠诚和行为忠诚,态度忠诚通过用户正面称赞高速公路来反映,行为忠诚通过用户反复使用高速公路的可能性反映,设计正面称赞和重复使用两个标识变量。

(1)正面称赞,问卷语言:"与他人谈起这条高速公路,您正面称赞该公路的可能性有多大"。采用1~5级数字量表,1代表"非常小",5代表"非常大"。

(2)重复使用,问卷语言:"您以后出门会继续选择走这条高速公路吗?"采用1~5级数字量表,1代表"完全不会",5代表"完全会"。

5. 质量因子

为探求高速公路服务用户感知质量的形成机理,获得微观的质量信息,本文在用户满意度模型中设计质量因子的概念,将高速公路服务用户感知服务质量评测纳入用户满意度体系框架。

根据高速公路服务质量理论,高速公路服务质量形成于高速公路部门生产、提供高速公路服务以及用户的行车过程,包含高速公路服务条件、高速公路服务环境、高速公路服务活动三个构成因素。因此,设计服务条件感知、服务环境感知和服务活动感知三个质量因子。

(1)质量因子1:高速公路服务条件感知

高速公路服务条件感知指用户对公路系统主体设施的感知,具体包括高速公路线形、视距、路面和桥隧。

1)线形。高速公路平、纵线形影响行驶安全性和舒适性。急弯的离心作用,容易使车辆冲出道路,引起交通事故,同时离心作用使司乘人员身体产生侧向倾斜,引起身体不适。陡坡的重力分量和车辆加、减速使司乘人员身体前后倾斜,产生不适感。

另外,急弯、陡坡通过视觉刺激司机神经,使其产生紧张感。因此,设计急弯数量和陡坡数量两个标识变量,问卷语言:"您认为该路的急弯多吗?""您认为该路的陡坡多吗?"采用"很多、较多、一般、较少、很少"5级语言变量,低值为"多"、高值为"少"。

2)视距。视距影响行驶安全性。用户行车主要通过视觉获得路况信息,良好的视距是司机安全驾驶车辆的前提。设计行驶视线一个标识变量,问卷语言:"您认为该路的行驶视线是否良好"。采用"很差、较差、一般、较好、很好"5级语言变量,低值为"差"、高值为"好"。

3)路面。路面是车辆行驶的直接载体,路面抗滑性影响行驶安全性,平整度影响行驶舒适性。设计行驶轮胎打滑、行驶振动颠簸两个标识变量,问卷语言分别为"您认为该路行驶轮胎打滑现象多吗?"采用采用"很多、较多、一般、较少、很少"5级语言变量,低值为"多"、高值为"少";"您觉得在该公路上行驶振动颠簸多吗?"采用"很多、较多、一般、较少、很少"5级语言变量,低值为"多"、高值为"少"。

(2)质量因子2:高速公路服务环境感知

高速公路服务环境感知指用户对高速公路附属设施和路外环境的感知,具体包括交通安全设施、服务区设施、信息服务设施、路外环境。

1)交通安全设施。交通安全设施包括标志、标线、防护设施、防撞设施、隔离设施。其中,标志与标线提供信息,引导驾驶员行车,增加行车安全性。防护设施、防撞设施、隔离设施是被动安全设施,可以减少交通事故对用户的损害程度。设计标志标线,防护、防撞、隔离设施两个标识变量,问卷语言分别为"您觉得该高速公路的标志、标线设置如何?"采用"很差、较差、一般、较好、很好"5级语言变量,低值为"差"、高值为"好";"您觉得该高速公路的防护、防撞、隔离设施设置如何?"采用采用"很差、较差、一般、较好、很好"5级语言变量,低值为"差"、高值为"好"。

2)服务区设施。服务区设施提供车辆维修、加油、加水、人员休息、就餐等外延服务,影响行驶舒适性。设计接受外延服务的方便程度一个标识变量,问卷语言为"您觉得在该路进行车辆维修、加油、加水以及休息、就餐、入厕方便吗?"采用"很差、较差、一般、较好、很好"5 级语言变量,低值为"差"、高值为"好"。

3)信息服务设施。信息服务设施包括监视、控制、信息采集、处理和发布设施。及时的采集、传输、分析数据,及时准确地向用户提供路况、交通、气象等信息,影响行驶安全性和便捷性。设计信息提供水平一个标识变量,问卷语言:"您觉得该路提供路况、交通、气象信息的及时性、准确性如何",采用"很差、较差、一般、较好、很好"5 级语言变量,低值为"差"、高值为"好"。

4)路外环境。路外环境指公路两侧的绿化和景观。良好的路外绿化和景观,能够减小司机行驶紧张感,减缓驾驶疲劳,影响行驶舒适性和安全性。设计绿化景观一个标识变量,问卷语言:"您觉得该路的绿化景观如何?"采用"很差、较差、一般、较好、很好"5 级语言变量,低值为"差"、高值为"好"。

(3)质量因子 3:高速公路服务活动感知

高速公路服务活动感知指用户对高速公路部门的运营管理水平和车辆行驶过程的感知,具体包括封路、应急事件反应、用户投诉、工作人员服务水平、行车速度、拥挤度、收费排队、通行费、交通事故。

1)封路。高速公路部门常常因天气、自然灾害、养护施工等原因封闭公路或车道,使车辆无法正常通行,影响行驶便捷性和可靠性,设计封路次数一个标识变量,问卷语言:"您觉得该路因封路不便通行的次数多吗?"采用"很多、较多、一般、较少、很少"5 级语言变量,低值为"多"、高值为"少"。

2)应急事件反应。事故发生后,高速公路部门及时处理事故、排除故障,保障行车安全性、可靠性,设计应急事件反应时间一个标识变量,问卷语言:"您觉得在遇到突发事件后,该公路能否及时的进行处理、提供援助?"采用"很慢、较慢、一般、较快、很快"5级语言变量,低值为"慢"、高值为"快"。

3)用户投诉。及时处理用户投诉的问题,是减少用户抱怨、提高用户忠诚度的重要手段,用户投诉影响行驶舒适性。设计投诉处理率一个标识变量,问卷语言:"您觉得对用户反应的问题,该路总能很好地进行解决吗?"采用"很差、较差、一般、较好、很好"5级语言变量,低值为"差"、高值为"好"。

4)工作人员服务水平。工作人员与用户直接交互,其服务态度、服务水平影响用户的心理感觉,影响整个行驶舒适性。设计工作人员服务水平一个标识变量,问卷语言:"您觉得该公路工作人员的服务如何?"采用"很差、较差、一般、较好、很好"5级语言变量,低值为"差"、高值为"好"。

5)行车速度。行车速度是行驶便捷性的直观反映,设计行驶速度一个标识变量,问卷语言:"您觉得该路的行驶速度如何?"采用"很慢、较慢、一般、较快、很快"5级语言变量,低值为"慢"、高值为"快"。

6)拥挤度。拥挤度是行驶便捷性的另一个直观反映,设计拥挤堵车一个标识标量,问卷语言:"您觉得该路是否经常拥挤堵车?"采用"很多、较多、一般、较少、很少"5级语言变量,低值为"多"、高值为"少"。

7)收费排队。收费排队是收费站服务水平的直观体现,影响行驶的便捷性。设计收费排队时间一个标识变量,问卷语言:"您觉得该路收费站交费排队时间如何?"采用"很长、较长、一般、较短、很短"5级语言变量,低值为"长"、高值为"短"。

8)通行费。通行费是行车经济性的直观体现。设计通行费一个标识变量,问卷语言:"您觉得该路通行费相对于其服务?"采用"很高、较高、一般、较合理、合理"5级语言变量,低值为"高"、高值为"合理"。

综合起来,高速公路服务用户感知质量共包括18个标识变量指标,见表9-1。

表9-1　高速公路服务用户感知质量指标体系

质量因子	标识变量	语言变量				
服务条件	急弯	很多	较多	一般	较少	很少
	陡坡	很多	较多	一般	较少	很少
	行驶视线	很差	较差	一般	较好	很好
	行驶轮胎打滑	很多	较多	一般	较少	很少
	行驶振动颠簸	很多	较多	一般	较少	很少
服务环境	标志、标线设置	很差	较差	一般	较好	很好
	防护、防撞、隔离设施设置	很差	较差	一般	较好	很好
	外延服务方便程度	很差	较差	一般	较好	很好
	信息服务水平	很差	较差	一般	较好	很好
	绿化景观	很差	较差	一般	较好	很好
服务活动	封路	很多	较多	一般	较少	很少
	应急事件反应	很慢	较慢	一般	较快	很快
	投诉处理	很差	较差	一般	较好	很好
	工作人员服务水平	很差	较差	一般	较好	很好
	行驶速度	很慢	较慢	一般	较快	很快
	拥挤堵车	很多	较多	一般	较少	很少
	收费排队时间	很短	较短	一般	较长	很长
	通行费	很高	较高	一般	较合理	合理

9.2.2　量表设计

问卷要取得理想的结果,必须遵循几条基本原则:①语言通俗易懂,便于用户理解;②标度适当,便于准确区分用户感知差异;③问题数量适当,既全面又简洁。

标度是度量对象的尺度。标度的精度过粗不能准确度量对象的差异,精度过细增加判断难度,设计时需根据研究问题具体分析。一般常用的用户满意度评价的测量标度有如下 4 种。

1. Likert 记点等级量表

该量表将测量对象的评价分为若干等级,要求被问者在相关等级水平中选择其认同的反映评价对象属性的等级水平。该量表的优点是设计简单,被问者较易给出评价值;缺点是评价结果处理时需要转化为数值或模糊处理,处理过程较复杂,而且不同的处理方法得出的结果差异较大。常用的Likert 量表有 5 级、7 级、9 级。以高速公路设施为例说明 5 级 Likert 量表的设计,见表 9-2。

表 9-2　Likert 量表示意表(5 级)

题　　项	等级水平				
您认为这高速条公路的设施如何	差	较差	一般	较好	好

2. Osgood 语意差别表

该量表设计用一对反意的形容词置于两端,中间再设置几种位于之间的不贴标签的态度排列,要求被问者选择符合自己感受的态度。该量表不给出中间态度的语言变量,可以避免不合理的等级设置,但无法消除被问者自我分级的差异。Osgood语意差别表分级通常为 7 级或 7 级以上。同样以高速公路设施为例说明 7 级 Osgood 量表的设计,见表 9-3。

表 9-3　Osgood 量表示意表(7 级)

题　　项	等级水平	
您认为这条高速公路的设施如何	很差 □□□□□□□	很好

3. 数字量表

数字量表用数字表示评价对象的等级水平,要求被问者选取自身感受的数字。该法的优点是直接用数值度量等级,使结果处理变得非常简便;缺点是增加被问者将态度转化为数值的难度。常用的数字量表有 5 分制(1~5)、100 分制(1~100)、10 分制(1~10)。以高速公路路面状况为例说明10 分制数字量表的设计,见表 9-4。

表 9-4 数字量表示意表

题　项	分值 1~10
请您为这条高速公路的路面状况打分	(1)(2)(3)(4)(5)(6)(7)(8)(9)(10)

4. 序列量表

序列量表要求被问者根据自身感受对评测对象进行直接排序。该量表的优点是能够直接得到评价对象的排序结果,缺点是无法度量评价对象之间的差异。比如比较三条高速公路的路面状况,序列量表设计见表 9-5。

表 9-5 序列量表示意表

题　项	排　名
您认为这条高速公路的路面状况排第几	第一(　)　　第二(　)　　第三(　)

充分考虑各种量表的优缺点,设计标识变量的量表。其中用户期望、用户满意、用户感知质量、用户忠诚的标识变量采用 Osgood 语意差别表与数字量表相结合的办法,见表9-6。

表 9-6 Osgood 语言差别表与数字量表结合量表示意表

题　项	分值 1~10
您认为这条高速公路的设施如何	(1)(2)(3)(4)(5)(6)(7)(8)(9)(10) 很差　　　　　　　　　　　　　很好

质量因子的标识变量非常具体,被问者一般不易给出准

确数值分值。为减少被问者给出评价值的难度,质量因子的标识变量采用 5 级 Likert 量表。

9.2.3　数据处理方法

　　高速公路服务用户感知质量是用户根据行车中对高速公路部门提供的设施、设备、环境以及行车状况的感知绩效给出的对高速公路服务的整体评价,具有较强的主观性和模糊性,可以借鉴模糊决策理论进行数据处理。

　　用户感知高速公路服务质量属于模糊问题,一般来说用户只能对高速公路服务给出模糊的语言型的评判。比如,用户对"路面状况"的感知,可以描述为"差、较差、一般、较好、好"。此处将这些模糊的语言型评判称为语言变量,即用一些语言表达式表示指标值的变量。常用的语言变量有 5 级、7 级或 9 级,根据其他学科的研究结果表明,普通人对事物的主观区分一般都在 7 个等级以下,因此采用 5 级语言变量。

　　若将语言变量转化为数值,语言变量应该是区间值,而不是单点值。模糊理论是解决此类模糊问题非常有效的方法,即用模糊数表示语言变量。模糊数是系统理论中关于置信区间概念的延伸,常用的模糊数有三角模糊数、梯形模糊数等,这里采用三角模糊数。为便于分析,用 1~5 的三角模糊数赋值语言变量。理论上讲,不同的评价者对语言变量的赋值是不同的,比如两个用户对路面状况的语言变量评价值都是"较好",其中一个人的模糊数赋值可能是(2,4,5),而另一个人的模糊数赋值可能是(3,3,8)。实际操作时,应该对评价者进行抽样实验,求出评价者的语言变量模糊数期望值。根据相关文献的研究成果,给出语言变量模糊数的推荐赋值,见表 9-7。

表 9-7　语言变量模糊数推荐赋值

语言变量	差	较差	一般	较好	好
模糊数	$(1,1,2)$	$(1,2,3)$	$(2,3,4)$	$(3,4,5)$	$(4,5,5)$

采用模糊多属性综合评价法进行用户感知服务质量评价的步骤如下：

步骤 1：构造评价对象集、评价者集、属性集和评语集。

设 $O=\{o_1,o_2,\cdots,o_i\}$ 为评价对象集，集合中元素 o_i 表示第 i 个评价对象。

设 $S=\{s_1,s_2,\cdots,s_i\}$ 为评价者集，集合中元素 s_i，表示第 i 个评价者。

设 $U=\{u_1,u_2,\cdots,u_m\}$ 为用户感知高速公路服务质量的属性（指标）集，集合中元素 u_i 为指标集中的第 i 个指标，m 为指标总数，本文 $m=20$。

设 $V=\{v_1,v_2,\cdots,v_n\}$ 为度量属性的评语集。由于采用 5 级语言变量，评语集元素取值具体如下：

$$\begin{cases} v_1 = \text{"差"} \\ v_2 = \text{"较差"} \\ v_3 = \text{"一般"} \\ v_4 = \text{"较好"} \\ v_5 = \text{"好"} \end{cases}$$

步骤 2：确定指标权重向量。

设 $A=(a_1,a_2,\cdots,a_m)$ 为属性的权重向量，a_i 为第 i 个指标的权重。

步骤 3：属性评判。

评价者对评价对象的标识变量（指标）进行单因素评判，形成从属性集到评语集的映射。

步骤 4：评判集处理。

评判集采用模糊关系矩阵处理法处理。

步骤 5：评价对象用户感知质量排序。

根据用户感知质量大小对评价对象进行排序。

9.2.4　满意度评价实施体系

高速公路服务质量用户满意度评价是公路服务质量评价的基本内容之一，也是高速公路运营管理的一项基本工具。定期组织高速公路服务用户满意度调查，可以及时了解用户需求，把握高速公路运营管理存在的问题。组织实施高速公路服务质量用户满意度评价需要遵循一定的流程。

1. 调查准备

（1）确定问卷对象

进行用户满意度调查前，必须首先确定问卷对象。质量评价的主体包括生产者、用户、管理者三类，而用户满意度评价的主体是用户，因此问卷对象应该是高速公路用户。高速公路的直接用户包括驾驶员、乘客，间接用户包括通过高速公路运输获益的企业、居民。高速公路服务用户满意度评价一般选择驾驶员作为问卷对象。

（2）选择指标

用户对高速公路服务的感知体现在若干指标上，指标必须能够全面、准确地反映用户的感知质量，同时应具有操作性。

（3）设计问卷

选用的指标以问题的方式让用户回答，因此设计的问题必须言简意赅，含义清晰，让被问者能够很容易就给出明确的答案。

2. 调查实施

（1）确定抽样

高速公路的用户数量庞大，不可能进行全面普查，因此必须采取抽样的方法进行研究。一般而言,满意度问卷样本容量必须在 100 以上,精度提高一倍,容量往往需要扩大 4 倍。因此,大多数用户满意度调查样本容量都在 100～300 之间。由于司机背景信息不得而知,如果样本容量较小的情况下按车辆随机抽样容易导致司机信息集中的现象,因此建议采用非随机的配额抽样,即根据交通量统计数据的各类车型的比例乘以样本容量确定各类车型所需的抽样数量。

(2)确定调查方法

问卷调查必须在适当的时间、适当的地点,采用适当的方法才能获得理想的结果。高速公路服务具有典型的时间不均匀性,高峰和平峰时段服务水平存在较大差异,导致用户感知质量与满意度也必然具有时间不均匀性。设置调查时间应考虑不同评价对象时间波动的一致性,分别选取高峰时段和平峰时段。同时,高速公路服务是一种连续的线状服务,服务水平具有地点不均性。考虑收费站出口是用户消费高速公路的服务的结束点,可以对服务给出完整的评价。另外,收费站出口处比较安全,便于组织问卷,因此调查地点一般选择收费站的出口处和服务区。

调查采用现场路侧拦车调查法,该法可获得非常精确的问卷样本,但需要配备一定的专业问卷人员,成本相对较高。

(3)实施

一切准备就绪后,问卷人员在交警、路政管理人员、其他高速公路管理人员的配合下进入现场进行问卷。

3. 调查结果分析

录入、整理、分析调查数据,计算评价对象的用户感知质量和用户满意度。分析高速公路服务存在的问题,并提出相应的改进措施。

9.3 用户感知质量评价(案例)

9.3.1 数据采集

2011年3月份,按照高速公路服务质量评价的要求,组织人员到青银高速公路(河北段)相关单位搜集数据。整个数据采集工作包括四部分内容:

(1)相关的管理文件和统计数据,包括高速公路管理机构对路政、收费人员从业要求的规定、路政巡查记录、封路记录表、高速公路管理部门制定的各类突发事件的应急预案、用户投诉备案及处理情况记录等管理资料,公路曲线要素表、服务区信息、收费站信息、桥梁养护状况记录表、交通量、交通事故等统计资料。

(2)专家实测数据,根据专家的经验对评价公路的视距、标志和标线、防护设施、监控设施、绿化、景观、巡逻维护、服务区运营进行打分。

(3)仪器实测数据,使用仪器测量评价公路的行车速度、收费排队时间。

(4)用户满意度问卷,在高速公路服务区、收费站等地方向司机发放用户满意度问卷。

9.3.2 用户感知质量评价

本次研究在青银高速公路的清河、栾城收费站、铜冶收费站和窦妪等收费站,南宫、宁晋、石家庄南等服务区向司机发放用户问卷,共计发出表格300份,最后回收有效问卷255份,有效回收率达85%。

1. 测量方程检验和指标权重计算

运用 SPSS 和 LISREL 软件对问卷数据进行验证性因子分析。分析结果包括测量方程检验和结构方程检验。测量方程检验计算标识变量对潜在变量的因子负荷,检验标识变量的解释能力。标识变量的因子负荷、R^2、各指标对用户感知质量的权重,计算结果见表9-8。

表 9-8　标识变量因子负荷和感知质量指标权重计算表

潜在变量	因子负荷	权重	标识变量	因子负荷(R^2)	权重
服务条件	0.22	0.33	急弯	0.70(0.51)	0.062
			陡坡	0.67(0.55)	0.080
			行驶视线	0.49(0.76)	0.085
			行驶轮胎打滑	0.45(0.80)	0.056
			行驶振动颠簸	0.54(0.71)	0.064
服务环境	0.17	0.28	标志、标线设置	0.61(0.63)	0.056
			防护设施	0.64(0.59)	0.057
			外延服务方便程度	0.65(0.57)	0.056
			信息服务水平	0.59(0.65)	0.052
			绿化景观	0.55(0.70)	0.045
服务活动	0.25	0.39	封路	0.51(0.74)	0.048
			应急事件反应	0.56(0.68)	0.049
			投诉处理	0.53(0.72)	0.047
			工作人员服务水平	0.64(0.59)	0.056
			行驶速度	0.52(0.72)	0.046
			拥挤堵车	0.50(075)	0.044
			收费排队时间	0.59(0.66)	0.055
			通行费	0.51(0.74)	0.042
用户期望	—	—	整体期望	0.70(0.42)	—
			企业形象	0.81(0.34)	—
用户感知质量	—	—	整体感知	0.85(0.27)	—
			设施质量	0.75(0.46)	—
			管理服务质量	0.76(0.42)	—

续上表

潜在变量	因子负荷	权重	标识变量	因子负荷(R^2)	权重
用户满意	—	—	整体满意	0.92(0.19)	—
			与期望相比的满意	0.78(0.37)	—
			与理想相比的满意	0.80(0.39)	—
用户忠诚	—	—	态度忠诚	0.32(0.62)	—
			行为忠诚	0.61(0.63)	—

注:表中 R^2 表示标识变量对潜在变量方差变异的解释程度。

从表 9-8 中数据可以看出,标识变量对潜在变量的因子负荷系数绝大部分都在 0.40 以上,除整体感知和整体满意外,其余标识变量的 R^2 都高于 0.30,说明标识变量对潜在变量具有较强的解释能力。

2. 用户感知质量计算

(1)模糊关系矩阵法计算用户感知质量

根据问卷调查数据,统计出青银高速公路(河北段)的用户感知质量模糊关系矩阵,见表 9-9。

表 9-9　用户感知质量模糊关系矩阵

指标	评 价 值				
	很差	较差	一般	较好	很好
1	0.000	0.049	0.188	0.474	0.289
2	0.000	0.032	0.236	0.477	0.255
3	0.000	0.000	0.150	0.442	0.408
4	0.000	0.051	0.237	0.356	0.356
5	0.000	0.136	0.356	0.305	0.203
6	0.000	0.034	0.121	0.483	0.362
7	0.034	0.000	0.203	0.407	0.356
8	0.090	0.157	0.203	0.313	0.238
9	0.071	0.036	0.214	0.286	0.393

指标	评 价 值				
	很差	较差	一般	较好	很好
10	0.000	0.034	0.224	0.397	0.345
11	0.034	0.086	0.207	0.345	0.328
12	0.023	0.114	0.205	0.295	0.364
13	0.044	0.044	0.200	0.356	0.356
14	0.083	0.081	0.308	0.275	0.253
15	0.000	0.000	0.429	0.339	0.232
16	0.018	0.053	0.246	0.281	0.404
17	0.145	0.200	0.236	0.218	0.200
18	0.035	0.146	0.272	0.364	0.183

模糊评价值不便直接比较,若将该高速公路的模糊语言变量"很差、较差、一般、较好、很好"用1、2、3、4、5表示,该高速公路的模糊评价值转化为实数,见式(9-1):

$$SQ = \sum_{i=1}^{n} b_i c_i \tag{9-1}$$

式中　SQ——评价值实数;

b_i——语言变量i的用户群体意见比例;

c_i——语言变量i的非模糊化实数。

按模糊关系矩阵计算的青银高速公路(河北段)的评价结果见表9-10。

表9-10　用户感知质量模糊关系矩阵法计算结果

算子	模糊评价值	实数
算子1	(0.126,0.160,0.201,0.265,0.248)	3.348
算子2	(0.071,0.097,0.220,0.381,0.231)	3.607
算子3	(0.047,0.102,0.269,0.296,0.288)	3.671
算子4	(0.030,0.069,0.234,0.364,0.303)	3.843

(2)模糊加权平均法计算用户感知质量

首先按三角模糊数表示用户评语,然后通过模糊数运算法则计算用户群体意见,再用中心区域法将三角模糊数转化为最佳非模糊表现实数,最后通过综合赋权计算高速公路服务的用户感知服务质量,计算结果见表9-11。

表9-11 青银高速公路(河北段)服务用户感知
质量模糊加权法评价表

指标	小值	中值	大值	实数
1	3.480	4.149	4.788	4.139
2	3.549	4.032	4.695	4.092
3	3.358	4.286	4.572	4.072
4	3.241	4.051	4.642	3.978
5	3.182	4.065	4.576	3.941
6	3.853	4.234	4.821	4.303
7	3.534	4.086	4.758	4.126
8	3.290	4.157	4.603	4.017
9	3.371	4.039	4.786	4.065
10	3.427	4.234	4.824	4.162
11	3.234	4.086	4.707	4.009
12	3.323	4.214	4.605	4.047
13	3.144	4.244	4.683	4.024
14	3.083	4.281	4.708	4.024
15	3.156	4.127	4.429	3.904
16	3.218	4.053	4.646	3.972
17	3.145	4.204	4.736	4.028
18	3.235	4.146	4.672	4.018

将上述不同算法的计算结果取平均得青银高速公路(河北段)的用户感知质量为4.286。

9.3.3 服务质量综合指数

供给质量和用户感知质量是由不同的评价主体根据两条不同的评价路径给出的高速公路服务质量,其评价结果存在差异。根据第 8 章和本章的评价结果,青银高速公路(河北段)的供给质量和用户感知质量分别为 94.54、4.286(转化为百分制则为 4.286×20＝85.72)。为消除两套评价体系的缺陷,使评价结果更全面、真实地反映高速公路服务质量,按式(9-2)将供给质量和用户感知质量综合为高速公路服务质量综合指数。

服务质量综合指数＝供给质量×W_1＋用户感知质量×W_2

$$(9\text{-}2)$$

式中 W_1,W_2——供给质量、用户感知质量相对于综合指数的权重,均取 0.5。

则青银高速公路(河北段)服务质量综合指数为:

$$94.54×0.5＋85.72×0.5＝90.13$$

青银高速公路(河北段)服务质量评价示意图如图 9-2 所示。

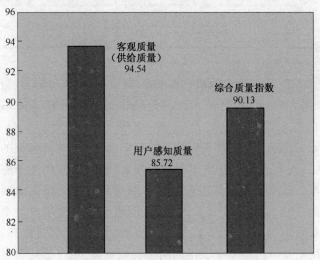

图 9-2 青银高速公路(河北段)服务质量评价示意

9.4 用户满意度分析

根据 LISREL 软件计算的潜在变量之间的直接效应、间接效应、完全效应与各参数的 t 值见表 9-12,用户满意度模型路径示意图如图 9-3 所示。

表 9-12 结构模型参数估计值

潜在变量		服务条件	服务环境	服务活动	用户期望	感知质量	用户满意
感知质量	直接效应	0.21	0.16	0.23	0.50		
	(t 值)	(2.56)	(2.17)	(1.98)	(7.51)		
	间接效应						
	完全效应	0.21	0.16	0.23	0.50		
用户满意	直接效应				0.40	0.54	
	(t 值)				(4.48)	(6.12)	
	间接效应	0.12	0.08	0.13	0.27		
	完全效应	0.12	0.08	0.13	0.66	0.55	
用户忠诚	直接效应						1.10
	(t 值)						(12.09)
	间接效应	0.13	0.11	0.15	0.67	0.59	
	完全效应	0.13	0.11	0.15	0.74	0.59	1.10

注:t 值表示估计参数是否显著的不等于 0。

从表 9-12 的参数估计值来看,除服务活动对感知质量的 t 值外,其余潜在变量之间的路径作用系数都显著的不等于 0。

用户期望对感知质量的直接效应为 0.50,支持模型的假设 1——用户期望是感知质量的前置因素,正向作用于感知质量。模型中用户期望包括整体期望和高速公路形象两个标识变量,采用累积消费的概念,期望不仅包括用户对本次行车的预期,而且包含以前行车经历的信息。期望越高,表明用户从以前行车中获得的满意程度越高、用户感知质量越优,而良好的预期直接影响用户对本次行车质量的感知。

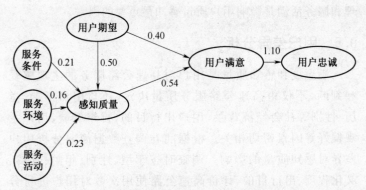

图 9-3 高速公路服务质量用户满意度模型潜在变量路径图

用户期望对用户满意的直接效应为 0.40,间接效应为 0.27,完全效应为 0.66,支持满意度模型的假设 2——用户期望是用户满意的前置因素,正向作用于用户满意。用户期望越高,行车后获得的满意程度越高。

用户感知质量对用户满意的直接效应为 0.54,支持满意度模型的假设 3——感知质量是用户满意的前置因素,正向作用于用户满意。服务质量是用户满意的最重要的决定因素,用户感知的服务质量越优,行车后所获得的满意程度越高。

用户满意对用户忠诚的直接效应为 1.10,支持满意度模型的假设 4——用户满意是用户忠诚的前置因素,正向作用于用户忠诚。用户忠诚包括态度上推荐和行为上反复使用两个标识变量。由于高速公路之间的竞争性不强,用户没有可选择的其他公路可走,尽管态度上忠诚度可能较低,但行为忠诚度通常很高。因此,用户满意主要影响态度忠诚。

服务条件、服务环境、服务活动对感知质量的直接效应为 0.21、0.16、0.23,支持满意度模型的假设 5——服务条件、服务环境、服务活动是感知质量的构成因素,正向作用于感知质量。其中,服务活动的作用系数最大,说明日常运营管理和服务活动是影响用户质量感知最重要的因素。

9.5 用户差异分析

满意度和感知质量是用户对高速公路服务的主观感受和判断,不仅由高速公路服务质量决定,还与用户年龄、学历、性别等社会经济背景,用户出行目的,行车经验,用户主观偏好等因素密切相关。根据问卷调查数据简要分析用户差异对感知质量的影响。调查时按车型、性别、年龄、驾龄、文化程度、出行目的、评价高速公路使用次数对用户进行分类,但回收的表格女性司机很少,另外出行目的和评价高速公路使用次数填写率很低,因此只分析车型、年龄、驾龄和文化程度。

1. 车型

车辆技术性能影响车辆行驶安全性、便捷性、舒适性,将车型分为客车、货车。客车司机的平均感知质量为 4.257,货车司机的平均感知质量为 4.381。说明客车司机对高速公路服务质量的要求更为敏感,容易比货车司机形成更低的感知质量。

2. 年龄

年轻的用户反应较快,一般喜欢采用较高的速度行驶,年老的用户较保守,更注重行驶的安全性和稳定性。用户年龄分为青年(30 岁以下)、中年(30～45 岁)、老年(45 岁以上)三类。青年的平均感知质量为 4.193,中年的感知质量为 4.225,老年的感知质量为 4.386,说明不同年龄段的司机对公路服务质量的感知存在一定的差异。

3. 驾龄

用户驾龄越长,驾驶经验越丰富,越容易得出比较符合实际的感知。用户驾龄可分为短(2 年及以下)、较短(3～5年)、较长(6～10 年)、长(10 年以上),其中驾龄短的司机的感知质量为 4.265,驾龄较短的司机的感知质量为 4.314,驾龄较长的司机的感知质量为 4.297,驾龄长的司机的感知质量为 4.381,数据波动性较大,规律性不强。

4. 文化程度

受教育程度较高的司机,一般更关注安全性和舒适性。把用户教育程度分为初中及以下、高中(含中专)、大学及以上三类,其中学历为初中及以下的感知质量为 4.374,学历为高中(含中专)的司机的感知质量为 4.268,学历为大学及以上的司机的感知质量为 4.217。随着学历的提高,感知质量呈下降趋势,说明司机的受教育程度对感知质量具有一定的影响。

第10章　改善高速公路服务系统质量的措施

　　加强高速公路运营管理,提高高速公路服务质量和用户满意度,是管理者面临的一项长期而紧迫的任务。改善和提高高速公路服务系统质量,应考虑以下几个方面的问题。

10.1　树立服务理念,提升服务意识

　　公路作为车辆行驶的载体,其存在的根本意义在于满足用户的行车需求。建设和管理都是手段,服务才是目的。因此,公路管理部门必须从根本上转变观念,认清自身作为公路服务生产者的本质。践行"用户至上"的服务理念,以满足用户需求为日常工作的出发点,以用户满意作为运营管理质量的核心评判标准。

　　还应紧密结合企业文化建设,融入运营管理团队建设,融入精细管理,融入收费养护,融入优质服务,进一步提升收费绩效,提升养护质量,促进精细管理,以高效、优质、安全、畅通的运营管理模式为道路使用者提供运输服务。持之以恒地为社会提供优质的高速公路通行服务,努力为广大群众出行提供路容靓丽、设施齐全、功能完善的通行环境,致力于为经济发展和社会进步做出贡献。

10.2　理顺管理体制,建立高效的高速公路管理模式

　　高速公路管理体制指高速公路管理活动中涉及管理职能的界定、管理权限的划分以及管理机构设置的制度体系。由于建设资金的短缺,我国长期实行"贷款修路、收费还贷",

"中央投资、地方筹资、社会融资、利用外资"的投融资政策，形成了我国公路投资主体多元化的局面。加上我国公路管理模式由地方政府根据具体情况制定，导致我国公路管理机构设置各异。以高速公路为例，按管理权限的划分，有集中管理型和专线管理型；按管理机构的性质划分，有事业管理型、企业经营型、事业单位企业化经营型；按管理内容划分，有建管一体型、专门管理型。高速公路管理职能和权限划分不清。运营管理既有统一管理模式，又有将收费、服务区、养护、监控通信由运营公司管理，路政和交通安全管理由行政部门管理的分散管理模式。交通安全管理有由交通部门和公安部门分管模式、交通部门和公安部门共管模式、交通部门统管模式；收费管理有收费还贷管理模式、收费经营管理模式。

现有的高速公路管理体制存在不利于改善服务质量的制度性障碍：①多样化的管理模式不利于建立统一的、标准的服务质量管理体系，不利于推行标准化的服务质量管理规范。高速公路服务主要通过高速公路基础设施完成，用户的个性化需求较少，服务的定制化程度很高，非常适合建立标准化的服务管理规范。而多样化的管理模式下，很难建立适合不同模式的管理规范。②管理主体多元化使得管理职责和管理权限很难清晰，极易造成谁都在管理公路，却谁都不承担责任的现象。而且部门越多，相互之间协调成本就越高。因此，有必要设置高速公路服务质量管理中心统一服务质量管理的协调、监督、组织、评价工作。在交通运输部下面成立国家级高速公路服务质量管理中心，负责全国范围内的高速公路服务质量管理、监督工作；省（直辖市）交通运输厅成立省级高速公路服务质量管理中心，负责全省范围高速公路服务管理工作；有条件的地级市交通运输局设立市级高速公路服务质量管理中心，负责市辖范围内高速公路服务管理工作,形成多层次的服务质量管理体制。

10.3 引入管理新理念,建立服务质量管理体系

从 20 世纪开始,质量管理经历了质量检验阶段、统计质量阶段、全面质量管理阶段。其中,全面质量管理强调全体人员的共同参与,采取多种多样的方法对质量的产生、形成、实现进行管理。高速公路服务质量是人、车、路、环境相互作用下公路系统状况的综合体现,其产生、形成、实现需要多方参与,其复杂性、系统性决定了改善高速公路服务质量需要引入全面质量管理的思想,采用"三全一多"的管理方式,实行全过程管理(质量管理包括服务质量产生、形成、实现全过程)、全员管理(各部门、各环节的人员共同参与)、全范围管理(各管理层共同参与,研制、生产、维持和改进通力协作)、多方法管理(广泛应用多种管理方法)。推行全面质量管理,必须建立质量管理体系。高速公路服务质量管理体系是建立质量方针和质量目标并实现这些目标的一组相互关联或作用的要素,是在质量方面指挥和控制公路部门管理活动的系统,包括管理职责、资源管理、高速公路服务实现、测量、分析和改进四大过程,如图 10-1 所示。

管理者职责是最高管理者在质量管理上的职责和权限,包括管理承诺、识别用户需求、识别用户满意程度、制定高速公路服务质量方针、策划质量目标、建立质量管理机构、质量评审。资源管理是对高速公路系统的资源进行安排、分配,包括人力资源管理、设施和设备管理、工作环境管理、财务资源管理、信息资源管理、原材料提供方的合作关系维护。高速公路服务实现是高速公路服务质量管理体现的主干过程,是使用公路系统的设施、设备、环境、活动满足用户的行车需求的过程。高速公路服务实现需要用户参与,以公路基础设施、附属设施和环境、运营管理活动、车辆、驾驶员为输入资

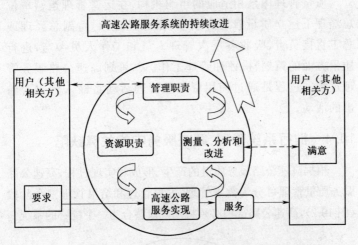

图 10-1　高速公路服务系统管理体系过程

源,通过高速公路服务过程实现车辆、旅客和货物的空间位移。测量、分析和改进是对高速公路服务质量管理循环中的检查(C)和处理(A)两个环节,是公路部门对高速公路服务过程和结果进行监视、测量,衡量高速公路系统的运作情况和高速公路服务质量的符合性、有效性和适宜性,及时发现偏差与问题,为改进、维持服务质量提供依据。

　　要建立高速公路服务质量管理体系需要从三个方面入手:①首先制定明确的服务质量管理方针和目标。高速公路管理部门关于服务质量的宗旨和方向,是部门对用户关于服务的基本承诺,是质量工作基本准则。高速公路服务质量目标是依据质量方针制定的关于质量工作的量化考核的目标。高速公路服务的本质是满足用户行车需求,因此质量方针和目标应该围绕着提供可靠、安全、便捷、经济、舒适的行驶服务来制定。②明确高速公路管理机构各部门、各层次的权限和职责。组织结构是运营单位人员的职责、权限和相互关系的安排。为提供优质的公路服务质量,高速公路部门必须成立与质量管理体系相适应的组织机构,在运营管理运营单位总经理下建立质量管理办公室,由总经理领导,副总经理或总工直接负责,吸收各层次管理人员和工作人员参与,进行质量方面的策划、检评和管理工作。③策划高速公路服务管理过程。过程是通过使用资源和管理活动将输入转化为输出的活动。

10.4 推行系统管理,解决服务中的关键缺陷

根据高速公路服务质量的产生、形成和实现过程,高速公路服务质量管理可分为需求管理、过程管理和结果管理三个阶段(图 10-2),高速公路部门必须将三阶段整合为一个统一的系统。

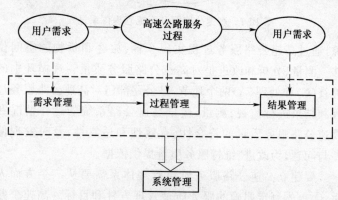

图 10-2　高速公路服务系统管理示意

1. 需求管理

需求管理是从高速公路服务质量形成的源头入手,管理部门采取措施识别用户需求、引导用户需求的管理办法。

识别用户需求是通过建立顺畅的沟通机制,及时、准确地了解用户需求的活动。常用的做法有:组织现场问卷、电话、信件或网上问询的方式,直接搜集用户需求;在执行重大决策或措施前,召开用户座谈会,听取用户的不同意见,提供

决策依据;认真统计、整理用户投诉或用户意见记录,分析用户反映的问题,从中推断用户需求;推行"换位体验法",让管理公路部门的工作人员以用户的身份体验公路服务现状,并提交改进意见。

　　引导用户需求是通过借助广告等营销宣传的手法引导用户期望,进而影响用户感知质量和满意度的活动。常用的做法有:通过宣传树立运营单位良好的形象,增加用户对公路服务的可接受区间;及时地向用户提供路况、交通、气象等信息,缩小用户期望与感知之间的差距。

　　2. 过程管理

　　高速公路服务的生产、形成、实现是一个过程,离不开基础设施、工作人员、车辆的共同参与,高速公路服务系统实现流程如图 10-3 所示。高速公路部门可以通过设施管理、员工管理和交通管理改善公路服务质量。设施管理包括四项内容:设施进行经常性保养维修,保持设施良好的运营状态;及时修复自然灾害、交通事故等原因引起的设施损坏;改善影响行车安全性、舒适性的设施因素;营造和谐、优美的行车环境。

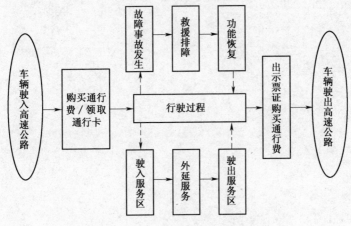

图 10-3　高速公路服务系统实现流程

　　通过对员工的宣传教育和技术培训,增强员工的服务意识、服务技能、服务素质。交通管理包括两项内容:通过教育、宣传规范用户行车行为;采用 ITS、ETC 等先进的交通管理手段,提高高速公路系统运行效率。

　　3. 结果管理

　　结果管理是通过对高速公路服务质量进行评测,检查高速公路系统的运行情况,衡量满足用户需求程度的活动。高速公路管理部门可以通过组织供给质量评价和用户满意度评价与管理进行结果管理。供给质量评价是运用技术类指标评测高速公路服务系统的服务条件、服务环境、服务活动的运行情况。高速公路部门能够通过供给质量评价及时发现服务中存在的问题,从源头上减少服务缺陷。用户满意度评价与管理是通过组织用户问卷调查,直接衡量高速公路服务满足用户需求的程度,并及时处理用户投诉和用户抱怨所反映的问题,力争减少用户抱怨,提高用户的忠诚度。

参 考 文 献

[1] 中华人民共和国交通部.高速公路养护质量检评方法(试行)[S].北京:人民交通出版社,2002.

[2] 中华人民共和国交通部.JTG/T B05—2004 公路项目安全性评价指南[S].北京:人民交通出版社,2004.

[3] 中华人民共和国交通运输部.JTG H10—2009 公路养护技术规范[S].北京:人民交通出版社,2010.

[4] 万君,刘馨.服务质量研究的现状及其发展趋势[J].现代管理科学,2005(5).

[5] 张生瑞.公路交通可持续发展问题研究——理论、模型及应用[M].北京:人民交通出版社,2005.

[6] 中华人民共和国交通部.JTG H20—2007 公路技术状况评定标准[S].北京:人民交通出版社,2008.

[7] 中华人民共和国交通部.JTG B01—2003 公路工程技术标准[S].北京:人民交通出版社,2004.

[8] 王志强.高速公路运输服务体系配置研究[D].西安:长安大学,2006.

[9] 谢军.高速公路通行能力分析与服务质量评价研究[D].西安:长安大学,2007.

[10] 李晓伟.高速公路服务系统评级研究[D].西安:长安大学,2009.

[11] 韩先科,公路服务质量评价研究[D].上海:同济大学,2006.

[12] 朱泰英.高速公路交通管理系统用户满意度测评方法研究[J].交通科技,2006(5).

[13] 汪雪波,李明惠,卢晓春.高速公路营运服务质量评价体系[J].广东公路交通,2006(4).

[14] 王芳,苏小军,胡兴华.高速公路养护及服务质量评价指标体系研究[J].重庆交通大学学报:自然科学版,2009(6).

[15] 乔晓冉.高速公路机电系统评价指标及方法研究[D].西安:长安大

学,2006.

[16] 韩先科,张剑飞.公路系统运行状况综合评价[J].哈尔滨工业大学学报,2004(2).

[17] 杜栋,庞庆华.现代综合评价方法与案例精选[M].北京:清华大学出版社,2005.

[18] 吴毅洲,卢晓春,孙穗.高速公路营运服务质量的特性分析与评价[J].公路与汽运,2002(10).

[19] 刘舒燕.交通运输系统工程[M].2版.北京:人民交通出版社,2008.

[20] 王高林.高速公路改扩建期服务质量分析与评价[D].西安:长安大学,2009.

[21] 赵建有.道路交通运输系统工程[M].北京:人民交通出版社,2004.

[22] 覃频频,陆凯平,黄大明.基于三方评价主体的公交服务质量模糊综合评价[J].广西大学学报,2006(3).

[23] 卫民堂,王宏毅,梁磊.决策理论与技术[M].西安:西安交通大学出版社,2000.

[24] 岳超源.决策理论与方法[M].北京:科学出版社,2003.

[25] 唐晓芬.顾客满意测评[M].上海,上海科学技术出版社,2001.

[26] 杜林.公路客运站服务质量评价体系[J].陕西工学院学报,2004(6).

[27] 文子娟.公路客运服务顾客满意度评价研究[D].成都:西南交通大学.2007.

[28] 钱卫东,刘志强.高速公路交通安全模糊评价与实例分析[J].交通科技与经济,2004(2).

[29] 刘普寅,吴孟达.模糊理论及其应用[M].长沙:国防科技大学出版社,1998.

[30] 刘晓燕.顾客满意度指数模型研究[M].北京:中国财政经济出版社,2004.

[31] 刘宇.顾客满意度测评[M].北京:社会科学文献出版社,2003.